K-FOOD

傳統與 Fusion 的 62 道韓式料理

Mrs. Horse 著

代序

2008년에 처음 홍콩으로 발령을 받아 일을 시작했으니 햇수로는 벌써 약 8년 정도가 되었습니다. 외국에서 생활을 하다보면 다른 언어와 낯선 문화 환경 등 여러 가지로 불편하고 익숙하지 않은 점들이 많기 마련이지만 아마도 음식 문제가 가장 민감하고 어려운 문제가 아닐까 합니다.

물론 외국에서 자기 나라의 음식을 접할 수 없는 것은 아니지만 자기 나라에서 늘 먹던 음식을 외국에서 그 원래의 맛에 충실하고 만족하면서 먹기에는 부족함이 있기 때문일 겁니다. 저 역시 음식의 천국이라는 이 곳, 홍콩에 살면서 여러 나라의 다양한 음식을 접할 수 있었지만 한국인인 제게 한국 음식에 대한 향수와 아쉬움이 늘 따라다녔습니다.

홍콩 부임 초기 한류의 영향으로 한국 음식을 맛 볼 수 있는 식당이 많이 생겼고 다양한 한국 음식이 소개되었지만 언제나 그 맛에는 아쉬움이 있었습니다. 아울러 한국에서 저렴하게 먹을 수 있었던 것에 비해 상대적으로 비싼 가격도 자주 한국 음식을 접하기 힘들게 만드는 하나의 원인이 되었고 그 아쉬움은 더욱 커질 수 밖에 없었습니다.

이런 저의 아쉬움과 불만족을 해결 해 준 사람이 저의 아내 Mrs. Horse 입니다.
홍콩인 인 Mrs. Horse가 한국인 인 저를 만족시키는 한국 요리를 만든다? 아마도 대부분 사람들은 의아해하고 얼핏 이해가 안 될 수도 있을 겁니다.

제가 Mrs. Horse 를 처음 만났을 때 그녀는 한국어를 배우고 있었고 또한 한국 문화에 대해서도 관심이 많았고 이해하고자 하였습니다. 그러한 점이 저와 Mrs. Horse 의 공통 분모가 되어 2012년에 부부의 연을 맺을 수 있었습니다. 특히 요리를 좋아했던 그녀는 한국 요리에도 유독 관심이 많아 결혼 전 연애시절때부터 제게 한국 요리에 대해서 궁금한 것을 묻곤 하였고 인터넷 등을 통해 한국 요리들의 레시피 를 검색, 직접 음식을 만들어 주곤 하였습니다.

둘이서 한국 식당을 찾게 되는 날이면 가능한 새로운 음식을 주문하여 그 음식의 재료 등도 살피고 특유의 식감을 기억하려 했습니다. 그녀의 한국 요리에 대한 노력과 열정은 여기서 끝나지 않았습니다. 저와 같이 한국을 방문하게 될때면 저의 어머니와 같이 시장을 다니면서 식재료를 구입, 같이 요리를 하면서 가정에서 만드는 다양한 한국 음식들에 대해서도 배우고 스스로 만들었습니다.

그 뿐 아니라 한국에 있는 유명한 현지 식당 등에서 그 곳의 요리를 맛보고 그 맛을 내려고 노력 하였습니다. 그러한 그녀의 노력과 열정으로 인해 저는 현재 홍콩에 살면서도 마치 한국의 여느 가정에서 혹은 한국에 있는 현지 식당에서 식사를 하는느낌과 맛, 그리고 만족감으로 한국 음식을 즐기고 있습니다.

지금은 저의 어머니도 그녀의 한국 요리에 대해서는 놀라움과 칭찬을 아끼지 않습니다.

아울러 홍콩인들에게도 쉽게 한국 요리를 가정에서 만들게 해 주고 싶다는 그녀의 바램이 한권의 책으로 나오게 되었습니다. 그녀의 배우자라는 위치를 떠나 한국 요리에 대한 그녀의 노력과 열정에 존경심을 표하며 아울러 제게 제 2의 고향인 홍콩에서 많은 홍콩인들이 한국 음식의 이해와 친근감을 높이는데 이 책이 조그만 역할이 되었으면 합니다.

그리고 Mrs. Horse 에게 사랑한다는 말을 전하고 싶습니다.

Mr. Horse

代序

自 2008 年初次被委派到香港工作，不知不覺將接近第 8 個年頭了。對於在外國他鄉生活，異國語言、文化和環境都不熟悉，多少也會有點不便和感到不習慣。尤其是飲食方面令我感困惑。

現在我住在香港，這被稱為「美食天堂」的城市，可以品嚐到各國不同美食，但韓國人特別鍾情韓國的美食，在香港吃到的韓國菜，原有風味或多或少會有所不足。隨著韓流的興起引致眾多韓國餐館相繼出現，但價格相對較昂貴，總不能經常光顧吧！

能夠為我解開困惑，再次嚐到家鄉味道的便是我妻子 Mrs. Horse。大家可能和我有同一問題，她身為香港人，真的能做出滿足韓國人脾胃的家鄉風味韓國菜？

我和她初次認識的時候，她在努力學習韓文和對韓國文化充滿關注。在 2012 年我倆結為夫婦，喜愛做料理的她開始對韓國料理感興趣，經常向我詢問韓國料理的種種事宜。亦不時在網絡上搜尋關於韓國料理的食譜，親自試做和作研究。

每當我倆出外吃韓國料理，會吃該餐廳新推出的菜式，她會仔細研究其所用的食材及把吃過的味道好好牢記，可見她對韓國料理的努力和熱情一直有增無減。

每逢她和我回韓國時，總喜愛和我媽媽一同逛市場購入食材，一同做料理，回到家也會把學會的韓國料理親自試做。她對料理的那份努力和堅持，令我在香港也能吃到和感受到韓國料理這份我熟悉的味道。

除我之外，我媽媽對她能端上出色的韓國菜亦感到驚訝和讚嘆（臉紅）！希望她的食譜書的出現可以令你們也可以在家簡單輕鬆做出各式各樣的韓國料理。

　　我非常敬佩她對做韓國料理付出的努力和滿滿的熱誠，我視香港是我的另一家鄉，她的食譜書可以令香港人對韓國料理了解更多，多添一份親切感。

　　最後在這裡衷心表達我對 Mrs. Horse 的一份愛 。

Mr. Horse

代序

很久以前，我是不喜歡吃韓國菜的。

不喜歡是因為我本來就不吃辣，另外當時香港吃到的韓國菜，不是韓燒就是味道很嗆的泡菜，完全不是我的菜。

直至認識到馬太，嫁了個韓國老公的她，為了令在異鄉工作的老公能吃到家鄉味，馬太就很努力認真的鑽研各款韓國菜式。在馬太的家裡吃到很多很多我從來沒吃過的韓國菜，才發現原來真正的韓國菜原來是蠻好吃的，而且多元化，即使是泡菜也比外面的鮮味，不是一味死鹹死辣。大感謝馬太，讓我重新認識韓國菜，有時也會請教她一兩道韓國菜的做法，讓我的廚房可以添些新意。

等了很久，好友終於都出書了！書裡不但有各款美味的韓國家常菜，還包括了馬太對老公的愛心，以及韓國奶奶對媳婦的支持，我還記得在馬家拍攝食譜時，在冰箱上看到韓國奶奶給馬太親手寫的食譜，還有畫了愛心的打氣小字條，真是非常溫馨呢！

大家一起來煮愛心滿滿的韓國家常菜吧！

偽主婦 ki 琪

代序

灑花灑花！馬太終於出書了，等到我頸也長了不少。

跟馬太真的相識於微時，大家是在 Blog 上認識的，我因為結婚的關係開始寫 Blog，也在網絡上尋找資訊，誤打誤撞看過馬太的 Blog，因而開始認識她，知她跟她的 오빠 （Oppa）結婚，立刻吸引了我。香港人跟韓國人結婚會是怎樣呢？所以當時都有追看馬太的 Blog。真真正正跟馬太混熟緣於 Le Creuset 開倉，大家都喜歡用 LC 煮食，開倉時馬太跟馬媽就排在我們後面，因此大家便聊起天來，一起血拼。之後我們也因「深夜食堂煮婦同樂會」而走近了，成為了好煮友呢。

馬太最令我欣賞的當然是入得廚房，出得廳堂啦。她煮的美食除了好好吃之外，「擺盤」也非常美，特別是她很拿手煮韓菜。因為馬太，我對韓菜也加深了認識，後來更愛上了，馬太亦不會吝嗇，經常跟大家分享心得，教導煮韓菜的技巧，所以跟她一起研究煮食也獲益不少。

一直很希望馬太可以出書，因為市面上教授韓菜的書籍不多，亦不夠精緻，而我對馬太的廚藝及「擺盤」相當有信心，今次終於可以收藏到她的大作，真是非常興奮。我相信在「K-POP」、「K-STYLE」、「K-BEAUTY」的熱潮下，「K-FOOD」應該會對香港的廚藝界帶來衝擊，亦相信愈來愈多的年輕煮婦會愛上煮韓菜，所以我誠意推薦大家馬太的新書，可以幫大家煮得一手好韓菜呢！在此預祝馬太新書大賣！

芝士

代序

　　我是很喜歡韓國文化的人，不論劇集、人物、化妝品……我們做煮飯婆的，就更會多加留意飲食文化，現時東南亞都很盛行韓國料理，香港更是大街小巷也有不同的韓食館，但出外吃又怎及得上在家輕鬆做呢。

　　認識馬太太是在幾年前的一個臉書群組「深夜食堂煮婦同樂會」，後來知道馬先生是韓國人，就好生羨慕，對韓劇迷的我來說，有很多很多問題要問呢……哈哈！馬太太在韓國籍的家姑那裡得來不少韓國料理秘技，加上年輕的她不斷改良，尤其是小鍋內的紅蘿蔔也刨成靚靚形狀，我們也品嚐了不少美味韓食呢。很多時候，馬太太從選料開始就已很講究，加上她的小貼士，要做一頓韓國菜也不會太難啦。所以，當知道她要出食譜書，一眾敗婦也很支持，當大家看到書內的各款韓式美食，一定會認同我的說法，在此祝馬太太處女作大賣，加印又加印，祝大成功！

維維媽

代序

　　一直也很喜歡吃韓國料理，沒有想到自己可以認識到一位朋友嫁到韓國去，直至認識到馬太。因為大家也熱愛敗家，熱愛烹飪，因而成為了朋友。自己很幸福，可以常常吃到馬太親手做的美味韓國料理，比起在餐廳吃的多了一份住家溫馨的味道。馬太的韓國料理不僅美味，擺盤也很漂亮啊。除了可以常常品嚐到馬太的美食外，她還時常分享做韓國料理的心得和技巧，令我也能在家輕鬆做韓菜呢！

　　此刻實在很替好朋友馬太高興，終於等到她的韓國烹飪書了。有幸可以目擊拍攝過程，看到攝影師的拍攝方法，還有馬太為了新書而設計了一些韓式 fusion 菜，嘩……已急不及待很想快點擁有馬太的烹飪書啊！

　　在此祝馬太新書大賣！期待第二本、第三本……支持您啊！＾＾

左髀 Jobe

代序

再一次多謝你邀請我「短序」。

幾個月前才在 Blogger 活動上認識馬馬，因為有共同的興趣便成為朋友。

有幸受邀到她家參與食譜拍攝的工作（主要是食的部分），看著她三兩下手勢便完成一道道香噴噴的韓風料理，而且擺盤都很精緻，要等相機食先真的好痛苦呀！家裡中餐西餐已經煮到悶，拿著她的新作就可以為家人帶來新意思了！祝新書BB大賣，三年抱兩，加印無限版！

大小姐

自序

　　廚房是我的一片夢幻遊園地，放滿親自選購的心愛鍋子器皿碗盤，每天都被喜愛的雜貨器具包圍著做料理，感覺這就是家的美好風景，做菜時從廚房發出叮叮噹噹沙沙的切菜炒菜聲，和家人分享料理。只要家人能吃好喝好，不就是當煮婦的唯一心願嗎？

　　但，究竟何時開始做起韓國料理來？

　　大概在 2012 年嫁作人妻的時候吧，我沒有因為「嫁馬隨馬」跑到韓國生活，倒過來馬仔因工作關係離開滿有感情的家鄉跑來香港做居港韓男。

　　孤身來香港生活，人生路不熟，想念家鄉菜還得要上韓國餐館，若每天上餐館吃，我這妻子未免也不太稱職吧。他日我也會跟他跑回韓國生活，同樣也會掛念香港的美食，對家鄉菜的思念情懷，光是想著也感空虛。為了讓他不再空愁，一鼓作氣由常備前菜開始，一步一步踏上韓菜這條路。

　　在這三年做料理的光景裡，有成功，有失敗，菜做得好吃，豎起大拇指並大口大口不停吃作獎勵；菜做得不好吃，仍心懷感激把菜吃光，鼓勵的說：「沒關係，下次一定會做得好啊！」慢慢地養成習慣在網誌上記錄韓菜食譜筆記，好讓下次能精準一點做出不失敗的菜式。

　　能夠將做菜筆記集結成書跟大家分享，全是意料之外之事，心裡滿是感激。謝謝出版社的賞識，真心感謝出版社團隊的傾力協助，給予我創作自由的美美編輯小姐，把成品拍攝得像餐牌的

招牌菜讓人一看就口水流的攝影師哥哥，在拍攝食譜期間付出時間到來支持和幫助洗刷鍋子碗盤的敗婦好友們。

另外要感謝親愛的馬仔，無怨言地默默當起韓菜試驗品白老鼠一號，還要感激生命裡的兩位媽媽。我的媽媽經常對我説不甚懂做菜，調味也不太對味，但就是喜愛煮，跟她通電話總是興高采烈地討論著做料理的事兒，從她身上感染到烹飪的熱誠。另一位是待我如親女兒一樣的奶奶，不時給我寄送韓國新鮮食材和醬料，還教授了很多製作韓菜的技巧，讓我能傳承韓國家庭的味道。

最後當然要感謝買下這書的您們，希望這本小筆記可以陪伴您們在廚房裡打拼，為您愛的家人朋友端出一道又一道幸福K-Food，在餐桌上一同細味韓風。

즐겁게 요리하세요！화이팅！（大家一同愉快地做料理吧，加油啊！）

Mrs. Horse

目錄

常備前菜

韓風主菜

小食・甜品

Fusion 韓滋味

剩菜不浪費

常備前菜

涼拌黃豆芽 콩나물무침

以這道韓式常備前菜作開首，除了簡易零失敗外，亦是我動手為馬仔做的第一款前菜小碟。只需花數分鐘把黃豆芽汆燙好拌入調味就能優雅地端上桌，灑點辣椒粉更能提升辛香味，大家快快學起來，為餐桌添多點韓風味道吧。

材料（2 人份）

⏱ 15 分鐘

· 黃豆芽 半斤（300 克）
· 蒜泥 1 茶匙
· 韓國辣椒粉 2 茶匙 ＊不嗜辣的可省略
· 鹽 1 茶匙
· 糖 少許
· 韓國豉油 ¼ 茶匙
· 韓國芝麻油 1 湯匙
· 芝麻 適量

TIPS

- 除大豆芽外，還可以用綠豆芽菜，同樣好吃！
- 汆燙時間是整道前菜的關鍵，汆燙時間太久，豆芽變得太軟身，會大減爽脆的口感。
- 要提醒一下，汆燙大豆芽時切勿打開鍋蓋，否則豆芽會有怪怪的味道啊！

做法

1 黃豆芽摘除根部清洗乾淨。

2 燒熱一鍋水，水滾後放入黃豆芽，隨即蓋上鍋蓋汆燙 2 分鐘。

3 隔水後拌入調味料，灑上芝麻，拌勻。

4 拌勻後，以密實盒保存並擺放在冰箱下層。

鮮泡菜 배추겉절이

泡菜被譽為世界五大健康食品之一，韓國人的飯桌上必定會有泡菜作前菜，所以他們會一次製作大分量放到專為泡菜而設的冰箱儲存。泡菜是最花時間製作的一道前菜，但大家可能未必知道泡菜是可以現做現吃的，只要準備好鹽水醃漬的步驟，調好醬汁，拌一下就可以吃了。

材料（2 人份）

⏱ 2 小時

· 旺菜 （日本或韓國）250 克

· 甘筍（切幼條）¼ 條

· 蔥段 少許

· 芝麻 ½ 湯匙

醬汁

· 韓國辣椒粉 2 湯匙

· 梅子汁 1 湯匙

· 蒜泥 1 茶匙

· 薑泥 ¼ 茶匙

· 韓國魚露醬 1 湯匙

· 鹽 1 茶匙

· 糖 1 茶匙

做法

1 旺菜撕開一瓣瓣或切成一口尺寸。準備一個攪拌盆，放入旺菜，灑上鹽 1 湯匙和糖 ½ 湯匙（食譜分量外），充分拌匀，讓每片菜葉都均匀地沾上鹽巴，醃漬 45 分鐘。

2 鹽 1 湯匙（食譜分量外）混和清水 500 毫升後，倒入旺菜中，浸泡 1-2 小時左右，令菜葉變軟身。

3 隔去水分，用飲用水沖洗一下，瀝乾水後灑上辣椒粉拌匀。

4 加入甘筍、蔥段、蒜泥和薑泥。最後放入魚露、梅子汁、糖和鹽拌匀，可先試味，然後才追加鹽或糖的分量，味道調好後，再灑上芝麻拌匀。

涼拌菠菜 시금치무침

鐵質滿滿營養豐富的菠菜既可以單獨作前菜小碟,亦是石鍋拌飯不可缺少的食材,特別適合不嗜辣的朋友。製作雖然簡單,但要小心控制汆燙的時間,才能做出爽脆嫩綠的涼拌菠菜啊!

材料（2 人份）

⏱ 15 分鐘

- 菠菜 300 克
- 甘筍（切絲） ⅓ 條
- 鹽 1 茶匙
- 糖 少許
- 蒜泥 ½ 湯匙
- 韓國豉油 ¼ 茶匙
- 韓國芝麻油 1 湯匙
- 芝麻 適量

做法

① 菠菜清洗乾淨，放入滾水快速汆燙 45 秒。

② 放入冰水泡一下後，擠壓出多餘的水分。

③ 放入切絲甘筍，拌入調味料後以密實盒密封，放到冰箱下層保存。

TIPS

汆燙菠菜的時間是關鍵，不要超過 1 分鐘啊！

辣拌乾魷魚絲 오징어채무침

　　馬家餐桌經常出現的一道前菜，以調味白魷魚絲拌入辣椒醬料做出甜辣交錯的韓式風味，免開伙，簡易不失敗。除了放上飯桌作前菜，和三五知己歡聚暢飲時用來作佐酒小食亦非常合適。

材料（2 人份）

⏱ 10 分鐘

- 乾魷魚絲 200 克
- 芝麻 1 湯匙

醬汁

- 韓國辣椒醬 2-3 湯匙
- 韓國辣椒粉 少許
- 蒜泥 ½ 湯匙
- 梅子汁 2 湯匙（可用糖 2 湯匙代替）
- 糖 1 茶匙
- 韓國豉油 2 湯匙
- 韓國芝麻油 2 湯匙
- 飲用水 2 湯匙

做法

❶ 乾魷魚絲用剪刀略剪短。

❷ 將醬汁調好後與魷魚絲拌勻。

❸ 灑上芝麻拌勻。

❹ 放入密實盒，置冰箱下層保存。

韓式堅果小魚乾 견과멸치볶음

　　韓國盛產鯷魚，加工後製成韓國市場買到的鯷魚乾。魚乾有很多種類，細小的用作前菜，大一點的鯷魚乾用來熬煮高湯。魚乾含有豐富蛋白質和鈣質，加添堅果更能豐富口感。

　　堅果小魚乾是很受歡迎的一道韓風常備前菜，因為保存期相對較長，有空餘時候（或是冰箱仍有空間多放一個密實盒時），我便會預先做好當常備菜。想簡單隨便吃但又不想吃泡麵的時候，只要煮鍋白飯或白粥，小魚乾便成為一道方便快捷的佐餐小菜喔！

材料（2 人份）

⏱ 15 分鐘

- 鯷魚魚乾 50 克
- 果仁（杏仁／核桃）30 克
- 芝麻 1 湯匙

醬汁

- 韓國豉油 1 湯匙
- 糖稀 2 湯匙
- 辣椒 ½ 隻
- 味醂 1 湯匙
- 蒜泥 1 茶匙
- 韓國芝麻油 1 湯匙

做法

① 小魚乾和果仁放入炒鍋，以中小火烘香約 8 分鐘，期間不時翻炒一下以免烘焦。

② 把所有醬料混合調好。

③ 醬料下鍋，與小魚乾拌炒至收汁。

④ 灑上芝麻拌勻。

⑤ 放涼後，以密實盒保存並放到冰箱下層。

TIPS

堅果除杏仁和核桃外，還可以按個人喜好加入腰果、花生或開心果，適量食用堅果有益健康喔！

涼拌小青瓜 오이무침

炎炎夏日，總愛吃點涼拌菜驅走悶熱。清甜
爽口的青瓜配上酸甜帶有微辣的醬汁，相信這道
清新無負擔的韓風前菜可以喚醒味蕾。

材料（2 人份）

⏱ 25 分鐘

· 小青瓜 2 條
· 甘筍 適量

醬汁

· 韓國辣椒粉 1 湯匙
· 韓國辣椒醬 ½ 茶匙
· 韓國豉油 1 湯匙
· 蘋果醋 / 白醋 1 湯匙
· 蒜泥 ½ 湯匙
· 糖稀 / 糖 1 湯匙
· 芝麻 1 湯匙

做法

1 青瓜清洗乾淨後切成闊 1 厘米小塊，甘筍切幼絲。

2 青瓜件拌入鹽 ½ 湯匙和糖 ½ 湯匙（食譜分量外），醃漬 15 分鐘至青瓜出水，然後充分瀝乾水分。

3 醬汁調好備用。

4 青瓜件、甘筍絲放到碗中，拌入調好的醬料，灑上芝麻後放到密實盒，置冰箱下層保存。

蘿蔔泡菜 깍두기

　　蘿蔔泡菜是將蘿蔔切成方塊後拌入辣椒粉、蝦仁醬、蒜泥、薑泥，再加調味料發酵製成的泡菜。相比白菜泡菜，蘿蔔泡菜所需的準備功夫和時間較少，是韓國家庭常見的常備前菜之一。熱呼呼的雪濃湯配上香辣爽脆的蘿蔔泡菜，在寒冷的天氣為胃部添點暖，心也跟著暖和起來。

材料（2 人份）

· 韓國 / 日本蘿蔔 ½ 條 (約 1 公斤)

· 韓國辣椒粉 4 湯匙

· 韓國蝦仁醬 ½ 湯匙

· 韓國魚露醬 2 湯匙

· 梅子汁 2 湯匙（可用糖 2 湯匙代替）

· 糖 ½ 湯匙

· 鹽 1 茶匙

· 蒜泥 1 湯匙

· 薑泥 1 茶匙

· 青蔥（切段）1 小棵

· 芝麻 1 湯匙

做法

1 白蘿蔔去皮洗淨後切成 1.5 厘米方塊。

2 撒上鹽 ¾ 湯匙和糖 ¾ 湯匙（食譜分量外）拌勻，靜置 50 分鐘至蘿蔔粒脫水。脫水後的蘿蔔會更加爽脆。

3 蘿蔔脫水後隔去水分（可用清水略略沖洗），瀝乾 30 分鐘。

4 先拌入辣椒粉，讓每顆蘿蔔都有著紅紅的漂亮顏色。

5 再加入蝦仁醬、蒜泥、薑泥、糖、鹽、魚露、梅子汁拌勻。

6 最後放入青蔥和灑上芝麻。

7 放入密實盒內，放置室溫發酵（冬天放半天，夏天只需數小時），再放到冰箱下層繼續發酵 1-2 天。

TIPS

- 盛載泡菜等發酵醃漬食物，最好選用玻璃密實盒。塑膠盒也可以，但容易留有泡菜氣味。
- 密實盒要洗淨風乾，無油無水，這樣泡菜才不易變壞啊！
- 最好選用韓國產地的白蘿蔔，其次是日本蘿蔔，如用本地蘿蔔，建議冬季適逢蘿蔔當造時才製作，味道較佳。

韓式煎雞蛋卷 계란말이

日本雞蛋料理中，玉子燒可算是人氣最高的料理，韓國料理也有大人和小孩搶著吃的煎雞蛋卷。蛋漿裡加入甘筍、青蔥等蔬菜粒，做出來的雞蛋卷有著紅紅綠綠鮮艷的顏色，賣相相當吸引啊！

材料（2 人份）

· 雞蛋 4 隻
· 甘筍 （切粒）¼ 條
· 青蔥 （切粒）少許
· 鮮牛奶 2 湯匙

調味

· 鹽 ½ 茶匙
· 韓國芝麻油 1 茶匙
· 胡椒粉 ¼ 茶匙

做法

1 雞蛋充分打勻成蛋漿後，加入甘筍粒、青蔥粒和鮮牛奶，並拌入調味料。

2 在平底煎鍋抹上薄薄的一層油，並以小火熱鍋。

3 倒入小量蛋漿，薄薄一層覆蓋整個煎鍋。

④ 待蛋漿逐漸凝固時，小心地翻起一角，慢慢把蛋塊捲起來。

⑤ 之後將蛋卷推到鍋子一邊，再抹上一層油，倒入蛋漿，重複步驟④至所有蛋漿用完。

⑥ 蛋卷放涼後切成小件上碟。

TIPS

- 可按個人喜好添加芝士、蟹棒、紫菜等材料，變成不同風味的雞蛋卷。
- 韓國人喜愛雞蛋卷沾茄汁，味道很配合的，大家不妨試試！
- 雖然是一道材料簡單的前菜，可是要捲出完整漂亮和飽滿的雞蛋卷，耐性是不可少的，蛋要煎成薄薄的一塊，然後慢慢地捲起來。若失敗了切勿氣餒，只要反覆練習，一定能做出美觀和味道滿分的雞蛋卷。

涼拌蒜芯 마늘쫑무침

　　蒜芯是春季盛產的蔬菜，跟蒜頭一樣有豐富的蒜素，可以減少自由基，有助保護細胞，降低患癌症的機會。簡單的灴燙一下蒜芯，拌入辣醬，便成一道營養豐富的韓風前菜。

材料（2 人份）

⏱ 15 分鐘

· 蒜芯 150 克
· 芝麻 ½ 湯匙

醬汁

· 韓國豉油 ¾ 湯匙
· 韓國辣椒醬 1 湯匙
· 韓國辣椒粉 ½ 茶匙
· 梅子汁 ½ 湯匙
· 糖稀 / 糖 ½ 湯匙
· 韓國芝麻油 ½ 茶匙

做法

1 蒜芯清洗乾淨後切成約 4 厘米長小段，放到滾水汆燙 1-2 分鐘，隨即泡冰水令蒜芯更爽脆。

2 醬料調好備用。

3 蒜芯拌入醬汁並灑上芝麻，以密實盒密封，放到冰箱下層保存。

TIPS

汆燙後的蔬菜馬上泡冰水是重要步驟，能保持翠綠和爽脆啊！

涼拌生菜 상추겉절이

　　大家吃烤肉的時候是否會把烤好的肉裹在新鮮嫩綠的生菜裡，抹點烤肉醬就往嘴裡塞？其實烤五花肉和涼拌生菜也是一對好朋友，只是大家的眼光往往只集中於油花均勻的五花肉，忽略了被冷落在一角的涼拌生菜。

　　將烤至金黃香噴噴的五花肉伴以涼拌生菜同吃，其酸酸甜甜的涼拌醬汁正好平衡五花肉的油膩，別有一番風味啊！

材料（2 人份）

⏱ 20 分鐘

- 沙律生菜 70 克
- 洋蔥 ¼ 個
- 甘筍 ¼ 條

醬汁

- 韓國豉油 1 湯匙
- 韓國辣椒粉 ½ 湯匙
- 蘋果醋 / 白醋 1 湯匙
- 韓國芝麻油 少許
- 蒜泥 1 茶匙
- 梅子汁 ½ 湯匙
- 糖 ½ 湯匙
- 芝麻 ½ 湯匙

做法

1 生菜清洗乾淨，瀝乾水分。

2 洋蔥和甘筍切幼絲。

3 洋蔥浸泡於冰水中去除辛辣味。

4 洋蔥、甘筍和生菜拌勻。

5 醬料調好後可先放到冰箱下層，待上桌前才拌入生菜，以保持生菜爽脆。

醬煮馬鈴薯 감자조림

做料理經常會剩下馬鈴薯，雖然根部蔬菜保存期較長，但營養始終會隨著時間而逐漸流失，還是在新鮮、營養最豐富的時候吃掉最好。如果想不到如何消滅家中剩下的馬鈴薯，不妨試做這款韓風前菜，鹹鹹甜甜，很滋味的啊！

材料（2 人份） ⏱ 30 分鐘

- 馬鈴薯 （小型）3 個
- 芝麻 1 茶匙

醬汁

- 清水 80 毫升
- 韓國豉油 2 湯匙
- 糖稀 / 糖 1½ 湯匙
- 蒜泥 ½ 茶匙

做法

1 馬鈴薯去皮切成約 1.5 厘米方塊，浸泡在清水中以免氧化變黑。

2 拌好醬汁備用。

3 燒熱油 1 茶匙，放入馬鈴薯炒香。

4 倒入醬汁，煮滾後轉中小火煮至馬鈴薯軟身，醬汁分量收至三分之一，關火後可多加 1 茶匙糖稀拌勻。

5 最後灑上芝麻，待涼後放到密實盒，置冰箱下層保存。

醬煮牛肉 소고기장조림

韓式常備前菜大多數是蔬菜為主，這道醬煮牛肉可算是少數以肉類製作的前菜，烹調的方法有點像我們（沒加滷香料）的滷物，只需簡單用手邊輕易取到的調味料（醬油、料理酒和糖）燉煮而成。牛肉浸泡在醬汁裡緩緩吸收醬油的鹹鮮味，連蒜瓣也燉至軟綿，上桌後給快速掃光光。

材料（2 人份）

⏱ 1 小時

- 牛臀肉或牛腱肉 200 克
- 蒜瓣 4-5 顆
- 蔥白 1 小段
- 洋蔥 ½ 個
- 原顆黑胡椒 1 湯匙
- 韓國青陽辣椒 3-4 隻
- 清水 300 毫升
- 雞蛋 2 隻

調味

- 韓國豉油 4 湯匙
- 糖 2 湯匙
- 料理酒 1 湯匙

做法

1 首先準備水煮蛋。雞蛋隨水放入鍋，以中大火煮滾後起計 9-10 分鐘至雞蛋全熟，立刻泡一下冰水，去殼備用。

2 牛臀肉泡水 20 分鐘，以去除表面血水。

3 牛臀肉放入燉鍋中，加入蔥段、洋蔥、原顆黑胡椒和清水，以中大火煮滾，之後轉小火燉煮 10 分鐘。（如用牛腱肉，燉煮時間要加長至 30 分鐘啊！）

4 以篩網過濾牛肉高湯，牛臀肉夾起放涼。

5 牛臀肉切成略粗條狀。

6 高湯回鍋，放入豉油、糖和料理酒煮滾，隨即放入牛臀肉、蒜瓣，以小火燉煮 10 分鐘。

7 最後放入青陽辣椒續煮 3-5 分鐘。

8 關火待涼後，放入水煮蛋浸泡一下，然後才放到密實盒，置冰箱下層保存。每次食用時，緊記用乾淨的筷匙夾取要吃的分量置於小鍋，並倒入小量湯汁一同加熱，切忌把牛肉反覆烹煮。

韓風主菜

韓式燉牛肋骨 소갈비찜

在朝鮮王朝時代，只有特權階級的王族和兩班才能吃得起貴三三的韓牛。對普通人民來說，牛肉是昂貴的食材，不是家家戶戶都能負擔的奢侈品，所以一般只會在重要節日才能吃到。

直到現在，燉牛肋骨仍然是韓國傳統節慶上必備的美食。油花均勻的牛肋骨燉至鬆軟，蘿蔔配菜吸盡濃郁香甜的醬汁，人人搶著吃。若不喜歡「啃骨頭」，換上「啖啖肉」的牛肋條，同樣豐腴可口。

材料（3 人份） ⏱ 2-3 小時

- 牛肋骨 8 件
- 白蘿蔔 ½ 條
- 甘筍 2 條
- 紅棗 5 粒
- 蒜瓣 7-8 顆
- 蔥段 2 條

醬汁

- 韓國豉油 30 毫升
- 梅子汁 40 毫升（如沒有，可將糖的分量由 1 茶匙加至 2 湯匙）
- 韓國豐水梨 ½ 個
- 蒜瓣 3 顆
- 糖 1 茶匙
- 胡椒粉 ⅛ 茶匙
- 韓國芝麻油 ¼ 茶匙

做法 ─────────────────────────

1 牛肋骨放入清水浸泡1小時，然後取出備用。

2 牛肋骨隨水放入鍋中，加入蔥段和蒜瓣4顆，煮滾後轉小火煮5分鐘，牛肋骨的血水就會浮出來。

3 韓國豐水梨去皮去籽切成小塊，和餘下的蒜瓣放入攪拌機打成汁，可用篩網隔去梨肉，加入其餘調味料拌勻。

4 燒熱油，放入牛肋骨煎香一下，可倒入少許料理酒增添香氣。

5 倒入醬汁並加水至覆蓋 ⅔ 牛肋骨，中大火煮滾後，轉小火燉煮30分鐘。

6 牛肋骨燉煮期間可動手處理配料，把白蘿蔔和甘筍切塊後削成圓球形狀。

7 之後放入去核紅棗、白蘿蔔和甘筍，與醬汁拌勻後，蓋上鍋蓋，中大火煮滾後轉小火燉煮1小時，關火後利用鍋子餘溫繼續燉煮，讓牛肋骨更入味。

TIPS

- 這道菜可以預早一天燉煮好，隔一天味道更融和。待涼後面層會凝固一層白色油脂，只要在加熱前舀去就可以了。
- 如買不到韓國豐水梨，可以用中國豐水梨或蘋果，但糖的分量可能要相應調整一下。

南瓜粥 단호박죽

韓定食是由數十種韓國傳統菜式組合而成，主要是給君王食用的宮廷料理。南瓜粥在韓定食中擔當開胃菜的一角，口感綿滑順喉，不會吃到一顆顆米粒，金黃的色澤、純天然的甜味加上軟糯的丸子，絕對是喚醒味蕾的魔法食品。

材料（2 人份）

- 南瓜 300 克
- 紅豆 15 克
- 糯米粉 2 湯匙（糯米粉漿用）
- 糖 2-3 湯匙
- 鹽 ¼ 茶匙
- 清水 400 毫升

做法

1 紅豆預先泡水一整天，南瓜去皮去籽切成小件。

2 南瓜件放入滾水中灼 10 分鐘至軟身。

3 用手提攪拌棒細磨成南瓜糊。

4️⃣ 放入已浸泡的紅豆煮至軟身。

5️⃣ 南瓜粥燉煮的同時，可以準備做糯米丸子，糯米粉和水以比例 1:1 揉合成麵糰後，分成小份並搓圓成小顆糯米丸子。

6️⃣ 糯米丸子放入滾水煮至浮起後，放入冷水浸泡一下。

7️⃣ 糯米丸子放到南瓜粥煮滾後，慢慢加入糯米粉漿（糯米粉 2 湯匙加水 4 湯匙）煮至喜愛的稠度，加入糖和鹽調味，放上紅棗片作裝飾。

宮廷炒年糕
궁중떡볶이

火紅醬汁的辣炒年糕吃得舌頭發熱，頭皮發麻，不是人人都受得了這份辣勁。早在朝鮮王朝辣椒還未引入的時期，宮廷御膳的一道炒年糕主要以醬油調味，加入牛肉和各種不同顏色的新鮮蔬菜烹調而成，給宮中小王子和小公主作點心享用，所以「醬油炒年糕」又被叫做「宮廷炒年糕」！

　　十六世紀隨著辣椒傳入，開始被廣泛應用，而且基於韓國人對辣的鍾愛而演變成今時今日帳篷小吃攤的國民美食，但宮廷炒年糕仍不乏一群不能吃辣的捧場客。

材料（2 人份）　　　　　　　　　　　　　　⏱ 30 分鐘

· 年糕條 250 克
· 牛肉片 100 克
· 洋蔥 ½ 個
· 甘筍 ¼ 條
· 青、紅椒 各 ½ 隻
· 芝麻 ½ 茶匙

牛肉醃料

· 韓國豉油 1 湯匙
· 糖 ½ 茶匙
· 胡椒粉 ¼ 茶匙
· 韓國芝麻油 ¼ 茶匙

年糕醃料

· 韓國豉油 1 湯匙
· 韓國芝麻油 ¼ 湯匙

醬汁調味料

· 韓國豉油 2 湯匙
· 糖稀 1 湯匙
· 糖 1 茶匙
· 料理酒 1 湯匙
· 韓國芝麻油 1 茶匙
· 胡椒粉 少許

做法

① 年糕條先用水泡軟，
蔬菜切幼絲，牛肉拌
入醃料備用。

② 燒一鍋水，放入年糕
條灼至軟身。

③ 之後在流動水下沖洗
一下，拌入年糕條醃
料醃 15 分鐘。

④ 取一平底鍋，燒熱油，
放入牛肉片翻炒。

⑤ 再放入年糕條拌炒。

⑥ 最後加入蔬菜和醬汁
調味料拌勻炒至收汁，
灑點芝麻就完成了。

蔘雞湯是盛夏幫助恢復體力的養生料理，韓國人會在伏日（복날），即一年裡最炎熱的時段吃蔘雞湯，因為天氣炎熱，食慾不振，體內元氣容易流失，要進食補身養生料理才能補充能量對抗暑氣。

　　韓國人自古相信「以熱治熱」（이열치열）的醫學療法，源自感冒發熱時把身體弄得更熱，從而把熱氣排出體外的醫學原理。在炎夏吃熱騰騰的蔘雞湯，除了補充滿滿的營養外，更能以熱來治暑熱恢復元氣，難怪在伏日期間韓國有名的蔘雞湯店門外總是出現長長的人龍。大家不妨在炎炎夏日試做這道養生料理，體驗「以熱治熱」的效果吧！

材料（2 人份）　　　　　　　　　　　　　　　　　　⏱ 1.5 小時

- 嫩雞 1 小隻
- 鮮人蔘（水蔘）2 條
- 紅棗 3-4 粒
- 蒜瓣 4 顆
- 蔥白 2 條
- 糯米 ½ 杯（視乎雞隻大小而定）
- 青蔥粒 適量

做法

1 糯米清洗乾淨後放入水中浸泡 2 小時，水蔘用刷小心刷去表面的污泥，紅棗去核備用。

2 雞隻清洗乾淨瀝乾水後，用剪刀剪去尾部，雞屁股是油脂最多的部分，切記要去掉啊！

3 在其中一條雞腿底部割開一個小洞。

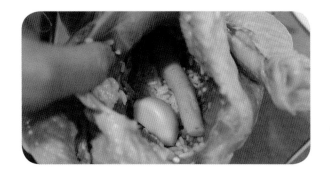

④ 將小部分已浸泡的糯米放進雞腔內,並放入水蔘1枝和蒜瓣2顆。

⑤ 再把餘下的糯米塞入雞腔內,大概8-9成滿就可以了,不要貪心一下子塞太多啊!

⑥ 用竹籤將雞尾封好,將另一條雞腿穿過小洞成交叉模樣。除了外形美觀,亦防止燉煮時雞腔內的糯米會跑出來。

⑦ 將雞隻、蒜瓣、水蔘、紅棗和蔥段放到鍋中,加水至雞隻 ⅔ 高度,以中大火煮滾後,轉小火燉煮 1 小時（如雞隻較大,可酌量增加燉煮時間）。

⑧ 燉煮期間用篩網小心隔去浮面的泡沫與油脂,令湯頭更清澈,完成後撈起蔥段和蒜瓣,灑點青蔥粒,鹽和胡椒粉直接加到湯中或沾雞肉吃也可。

TIPS

- 蔘雞湯所用的雞隻最好是嫩雞,法國春雞或是香港農場飼養的嘉美雞也是不錯的選擇。因為體形較細小、肉質較嫩和皮下脂肪較薄,即使長時間燉煮,肉質也不易變老。
- 如果一次未能消滅整鍋蔘雞湯,可把雞肉剝成雞絲,放入浸泡的糯米或白米,加入蔬菜粒熬煮成蔘雞粥,剩菜也可變上菜!

豚肉泡菜鍋 김치찌개

泡菜鍋是一道經常出現在韓國家庭飯桌的鍋物之一，只因材料簡單，隨意打開家中冰箱就可以找到，做法亦簡易，由準備材料到完成只需花 15 分鐘就能端上桌。味道酸辣交錯的泡菜鍋最適合炎炎夏日，開胃好下飯。

材料（2 人份）

- 豚肉片 100 克
- 泡菜 100 克
- 洋蔥 ½ 個
- 昆布小魚乾高湯 500 毫升
- 豆腐 1 件
- 韓國辣椒醬 ¾ 湯匙
- 韓國辣椒粉 少許
- 蒜泥 ½ 茶匙
- 糖 少許
- 鹽 少許

做法

1 洋蔥切幼條，豚肉片切成小塊。

2 下油燒熱鍋，放入蒜泥和豚肉炒香。

3 加入泡菜和洋蔥拌炒至香氣釋出。

4 倒入昆布小魚乾高湯（製作方法可參考 p.186）煮滾。

5 加入辣椒醬和辣椒粉，再加入鹽和糖調味。

6 最後放入豆腐，加蓋以中火續煮 5 分鐘即成。

年糕湯 떡국

中國人在新春佳節吃年糕，寓意「步步高陞」。韓國人在新年的早晨也會
吃一碗年糕湯，代表長了一歲，亦象徵新年團圓美好。
吃膩了年糕和蘿蔔糕，不妨在新一年來個新轉變，吃口韓式年糕湯！

材料（2 人份）

- 年糕片 300 克
- 牛腱肉／牛肋肉 100 克
- 昆布小魚乾高湯 400 毫升
- 雞蛋絲 適量
- 蔥粒 少許

調味

- 韓國湯醬油（국간장）½ 茶匙
- 鹽 ¾ 茶匙

TIPS

若家中冰箱存有冷藏雪濃湯，
亦可以用來作年糕湯湯頭，變
成另一種風味的雪濃年糕湯。

做法

1 準備昆布小魚乾高湯。
（製作方法可參考
p.186）

2 牛腱肉放到高湯燉煮
15-20 分鐘至軟腍，記
得用篩網將表面的油
脂隔去。

3 牛腱肉夾起待涼，切
成薄片，加少許鹽、
胡椒粉和蒜泥（食譜
分量外）調味。

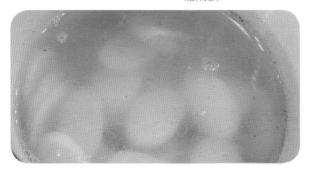

4 年糕片放入高湯煮至
軟身，拌入調味料，
把牛肉片放回鍋中煮
滾後盛於碗中，放上
雞蛋絲和蔥粒，也可
以放入紫菜碎。

安東燉雞 안동찜닭

安東燉雞是慶尚北道安東的一道鄉土料理，它的由來有很多種說法，據說在 1980 年安東舊市場提供雞料理的巷弄裡，老顧客要求店家在辣炒雞湯裡加入各種材料而變成豐富的安東燉雞。亦有另一說法，就是當時店家為了應付新興起的西式炸雞而研發了這道新口味的燉雞料理。

新鮮雞件拌入蔬菜和韓國粉絲，以偏重醬油和糖來燉煮，尤其是嚼勁十足的粉絲，吸盡湯汁的醬油香味，滿滿的一大盤端上桌，大飽口福！

材料（2-3 人份）

⏱ 1 小時

- 鮮雞 ½ 隻 / 帶骨雞腿 4 隻
- 甘筍 1 條
- 洋蔥 1 個
- 馬鈴薯 1 個
- 韓國粉絲 100 克
- 乾辣椒 1-2 隻
- 大蔥 ½ 條

醬汁

- 韓國豉油 5-6 湯匙
- 糖稀 3 湯匙
- 糖 2 湯匙
- 即溶咖啡粉 1 茶匙
- 韓國芝麻油 ½ 湯匙
- 料理酒 1 湯匙
- 清水 150 毫升
- 蒜泥 ½ 湯匙

TIPS

咖啡粉是其中的精髓，不但能去除雞腥味，還可以令醬汁顏色加深，賣相更漂亮！

雞件醃料

- 鹽 ¾ 茶匙
- 胡椒粉 ¼ 茶匙
- 韓國芝麻油 少許

做法

1 雞隻或雞腿斬件後,跟蔥白及蒜瓣一同放入鍋中汆水,以除去血水和污物。瀝乾水後拌入醃料醃30分鐘。

2 洋蔥、馬鈴薯和甘筍切件。

3 馬鈴薯浸泡於清水中以免氧化變黑,韓國粉絲泡水30分鐘備用。

4 燉鍋下油燒熱,放入雞件炒香。

5 倒入醬汁材料,如嗜辣,可加入乾辣椒同煮。

6 煮滾後蓋上鍋蓋煮10分鐘。放入甘筍、馬鈴薯續煮5分鐘。

7 最後加入洋蔥、大蔥和已浸泡的韓國粉絲煮至軟身。

雪濃湯 설렁탕

雪濃湯是以牛的腿骨頭和腱肉長時間熬煮而成的湯品。相傳是皇帝率領臣子在先農祭（선농제）祭祀農神，儀式完結後將作為貢品的牛燉煮成湯後賜給百姓，所以叫做「先農湯」，可能因為湯頭顏色白得像雪一樣，最後演變成現在的「雪濃湯」。

熬煮雪濃湯並不複雜，只需買來新鮮的腿骨和腱肉，處理好後就交予時間，它會慢慢為您帶來一鍋營養滿滿、充滿牛骨香氣的乳白濃湯。

材料（3-4 人份）

⏱ 5-6 小時

- 牛腿骨 / 牛骨 1½ 公斤
- 牛腱肉 300 克
- 水 2200 毫升
- 蒜瓣 2-3 顆
- 薑片 1 片
- 蔥白 1 小段
- 鹽 適量
- 胡椒粉 適量

做法

1 牛腿骨或牛骨放入清水浸泡 1-2 小時去除血水，期間可換水 1-2 次。

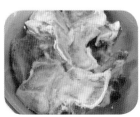

2 牛骨隨水放入鍋中加熱至微滾，調至小火煮 5 分鐘，讓血水和污物可以充分跑出來。

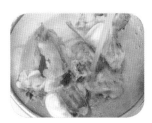

3 牛骨撈起後用清水沖洗。

④ 鍋子重新注入清水，放入清洗後的牛骨，加入辛香料（蒜瓣、薑和蔥白），以中大火煮滾 10 分鐘後，轉小火慢慢熬煮 4 小時。

⑤ 燉煮 1 小時後湯頭開始變得乳白，期間去除浮面的油脂。

⑥ 燉煮牛骨湯的同時，將牛腱肉汆水備用。

⑦ 4 小時後湯頭應變成乳白色，加入已汆水的牛腱肉續煮 1 小時。

⑧ 牛腱肉夾起放涼後切片，湯頭用篩網過濾，食用前將湯頭和牛腱肉片放入鍋充分加熱，下鹽和胡椒粉調味，可以加米飯或素麵拌吃。

⑨ 延續慳家煮婦精神，家中有大湯鍋的話不妨熬多一些湯頭，待涼後分裝入密實袋，放到冰格可存放 3 個月。

TIPS

熬煮完雪濃湯後的牛骨可再加清水重新燉煮 5 小時，同樣可以分裝起來冷凍備用，日後作火鍋或湯麵的湯底也不錯，相比市面售賣的高湯塊健康得多啊！

韓式大醬鍋 된장찌개

大醬（된장）是由黃豆這原材料經過充分發酵而成，是韓國傳統醬料之一。繼泡菜鍋後，大醬鍋亦是韓國家庭飯桌上出場率甚高的一道鍋物。

隨意的放進材料，不論豐富的海鮮或是冰箱剩餘的蔬菜，都可以立刻變成醬香味十足的鍋物，把米飯泡在湯裡同吃，不知不覺幹掉兩大碗呢！

材料（2 人份）

⏱ 20 分鐘

- 牛肉 60 克
- 豆腐 ½ 件
- 洋蔥 ½ 個
- 翠玉瓜 ½ 條
- 馬鈴薯 ½ 個
- 金針菇 1 小紮
- 韓國大醬 （된장）1½ 湯匙
- 韓國辣椒醬 ½ 湯匙
- 韓國辣椒粉 少許
- 昆布小魚乾高湯 500 毫升
- 蔥粒 適量
- 鹽 少許
- 糖 少許

做法

1 先準備好昆布小魚乾高湯（製作方法可參考 p.186）

2 馬鈴薯、洋蔥和翠玉瓜切小粒。

3 鍋下少許油燒熱，先放入牛肉炒香。

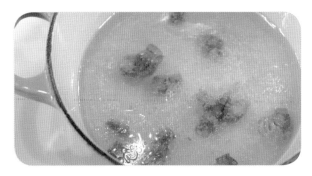

④ 倒入昆布小魚乾高湯煮滾。

⑤ 用篩網隔入大醬（市面上部分大醬內有豆粒，用篩網方便隔開豆粒，大醬更容易溶拌湯中）。

⑥ 以同樣方法再放入辣椒醬，也可加點辣椒粉增添辣味。

⑦ 先放入馬鈴薯煮5分鐘，再放入洋蔥、翠玉瓜和豆腐，最後放入金針菇煮滾，可按個人口味加鹽或糖調味，並加蔥粒點綴。

韓式石鍋拌飯 돌솥비빔밥

海帶湯 미역국

　　海帶湯是韓國菜中用海帶烹製的一種湯品。在韓國，海帶湯一直被視為孕婦產後的補品，因海藻類有著豐富的碘質和維他命，有助產婦去除體內瘀血。另海帶含有可溶性纖維，比一般纖維更容易被身體吸收，對產後瘦身有莫大的幫助。韓國人在生日當天必定會喝海帶湯，是要記著母親的偉大，藉此代表對母親的敬意。

材料（2 人份）

- 乾海帶 5 克
- 蜆肉 50 克
- 牛肉 40 克
- 清水 450 毫升

牛肉醃料

- 韓國豉油 1 茶匙
- 糖 ½ 茶匙
- 韓國芝麻油 少許

調味

- 蒜泥 ½ 湯匙
- 韓國湯醬油（국간장）¼ 茶匙
- 鹽 1 茶匙

做法

1 乾海帶浸在水裡泡發 15 分鐘。

2 15 分鐘後海帶發大了數倍。

3 牛肉拌入醃料醃 15 分鐘。

4 小鍋倒入芝麻油，燒熱後先加入牛肉以中大火炒香。

5 再加入泡發的海帶和蜆肉，拌炒約 2 分鐘。

6 倒入清水和加入蒜泥，用大火煮 5 分鐘，之後轉小火續煮 15 分鐘，最後放入湯醬油和鹽調味。

韓式雜錦炒粉絲 잡채

　　韓式雜錦炒粉絲是韓國宴會時提供給客人享用的其中一道菜，和拌飯一樣蘊藏五色五行養生元素。

　　這道菜包含一種耐心和堅持，要做到炒粉絲爽口而味道不雜亂，關鍵是食材要先個別烹調，這樣才能吃出每種食材的原味，所以做料理不能懶惰啊！

材料（2 人份）

- 韓國粉絲 100 克
- 菠菜 50 克
- 牛肉薄片 50 克
- 甘筍 ¼ 條
- 洋蔥 ¼ 個
- 鮮冬菇 2-3 朵
- 芝麻 適量

牛肉醃料

- 韓國豉油 1 湯匙
- 糖 1 茶匙
- 梅子汁 ½ 茶匙
- 胡椒粉 ¼ 茶匙

粉絲調味料

- 韓國豉油 3½ 湯匙
- 糖 1 茶匙
- 梅子汁 1 湯匙
- 韓國芝麻油 1½ 湯匙

做法

1 牛肉薄片先放入醃料醃 15 分鐘。

2 洋蔥、甘筍和鮮冬菇切成幼絲。

3 菠菜清洗乾淨，放入滾水氽燙 45 秒後瀝乾水分，拌入少許鹽和芝麻油，備用。

4 平底鍋燒熱油，將甘筍絲炒香，取出備用。

5 洋蔥同樣放到燒熱油的平底鍋炒香，取出備用。

6 鮮冬菇片加到平底鍋炒香，取出備用。

7 最後放入牛肉炒熟。

8 粉絲放入滾水中灼5分鐘。

9 燒熱油，先放入粉絲和粉絲調味料，期間用筷子不斷撥鬆粉絲。

10 放入之前準備好的食材和粉絲拌勻。

11 最後灑上芝麻。

辣牛肉湯 육개장

跟大家分享辣牛肉湯背後的一個小故事。大概是初為人妻，還在學習做零失敗常備前菜的時候，馬仔有一天嚷著要吃辣牛肉湯，於是略搜尋一下互聯網，得到長長的一串製作方法，心想還是乖乖付錢出外吃比較省時順心吧！

　　記不起從何時開始，奶奶送來的食材速遞多了數包奶奶牌辣牛肉湯湯包。

　　累積了一年多的料理經驗，漸漸地對做菜多了信心和耐性之後，毅然請奶奶傳授這道菜，之後有一天從郵差叔叔手上接過包裹，內裡除了放得滿滿的食材之外，還附有一封信。原來這是一份奶奶親手寫的食譜，是一封非常詳細的食譜，還貼上小便條，從買哪個部位的牛肉至如何處理芽菜也清楚列明，這份無敵零失敗的食譜至今仍然好好保存著，對我而言，這不只是一張食譜，而是奶奶對我的一份支持，將家的味道延續。

材料（2 人份）　　　　　　　　　　　　　　🕐 2-3 小時

- 牛腱肉 250 克
- 芽菜 50 克
- 洋蔥 ½ 個
- 蔥白 2 段
- 蕨菜 15 克
- 蒜瓣 2 顆
- 清水 1200 毫升

調味

- 韓國辣椒粉 2 湯匙
- 韓國豉油 3 湯匙
- 蒜泥 1 湯匙
- 韓國芝麻油 1 湯匙
- 胡椒粉 ½ 茶匙

做法

① 蕨菜先浸泡於清水中約 30-40 分鐘。

② 牛腱肉汆水後放到另一鍋子，加清水、蔥白和蒜瓣，煮滾後轉小火燉煮 1 小時。

③ 蕨菜放到滾水中燙 2 分鐘，隔水瀝乾。

④ 芽菜同樣放到滾水燙 1 分鐘。

⑤ 牛腱肉夾起放涼切條，高湯用篩網過濾雜質。

⑥ 牛腱肉、蕨菜和芽菜放到大盤中，加入調味料拌勻醃 30 分鐘。

⑦ 高湯回鍋，加入配料煮滾後轉小火燉煮 30 分鐘，

⑧ 在燉煮最後 10 分鐘加入洋蔥絲，按口味加點鹽調味。

TIPS

建議預早一天準備，讓整鍋湯的味道更融和。

辣炒五花肉 제육볶음

我叫它做「簡易韓版回鍋肉」，發懶時只需買薄切五花肉，配點冰箱的蔬菜，快手拌個醬，下鍋炒熟，甜甜辣辣的很下飯啊！如想俏麗花巧一點，可以拿個平底鐵鍋燒熱，放入芽菜烘一會，上面鋪上炒熟的辣五花肉，端上桌時聽著五花肉在鐵鍋上「滋滋」的響聲，視覺、聽覺、味覺同時得到滿足。

材料（2 人份）

- 五花肉片 400 克
- 洋蔥 ½ 個
- 甘筍 ½ 條
- 芝麻 1 湯匙

醃醬

- 韓國辣椒醬 2 湯匙
- 韓國豉油 2 湯匙
- 胡椒粉 ¼ 茶匙
- 薑汁 1 茶匙
- 蒜泥 ½ 湯匙
- 洋蔥汁 1 湯匙
- 糖 1 湯匙
- 味醂 1 湯匙
- 韓國芝麻油 ½ 茶匙

做法

1 洋蔥和甘筍切幼絲。

2 調好醃醬備用。

3 五花肉放入醃醬拌勻，醃大約 15 分鐘。

4 再放入洋蔥和甘筍絲拌勻。

5 燒熱油，放入五花肉、洋蔥和甘筍，以中火炒至五花肉熟透。

6 最後灑上芝麻拌勻。

鮑魚粥 전복죽

　　除了蔘雞湯外，韓國人亦視鮑魚粥為養生食品。鮑魚肉含豐富球蛋白，具有滋陰補陽的功效。盛產鮑魚的濟洲島，水質純淨，養活的海鮮也特別鮮甜，當地居民做鮑魚粥時會放入鮑魚內臟，由於海帶是鮑魚的主要食糧，加入鮑魚內臟做出來的粥有著發光的青藍色，散發一股濃郁的鮮甜味道。

材料（2 人份）

- 鮮鮑魚 4 隻
- 白米 ½ 杯
- 甘筍 ¼ 條
- 韓國芝麻油 1 湯匙
- 紫菜絲 適量
- 芝麻 適量
- 韓國湯醬油（국간장）¼ 茶匙
- 鹽 適量

做法

1 白米清洗乾淨後放入清水浸泡 2 小時或以上。

2 鮑魚去殼，用小刷仔細刷洗鮑魚裙邊，摘去鮑魚內臟和去除鮑魚嘴部。

3 鮑魚切成薄片，甘筍切成小粒，白米瀝乾水備用。

4 倒入芝麻油，燒熱後先放入鮑魚片炒香。

5 再放入已浸泡的白米拌炒。

6 倒入清水 700-800 毫升，以中大火煮滾 20 分鐘（不用蓋上鍋蓋，並不時攪拌以免黏鍋），加入甘筍粒之後轉至小火，燉煮至米粒軟綿及喜愛的濃稠度，以湯醬油和鹽調味，並灑上紫菜絲。

乾明太魚豆腐湯 북어국

明太魚又名黃太魚，把捕獲的明太魚曬乾後製成的魚乾有保護肝臟的功效，韓國人宿醉的時候便會喝乾明太魚湯作醒酒湯。即使不喝酒也可多吃這道對身體有益的湯品。

材料（2 人份）

- 乾明太魚（乾黃魚 황태）30 克
- 白蘿蔔 50 克
- 黃豆芽 15 克
- 豆腐 ½ 件
- 韓國芝麻油 ½ 湯匙
- 鹽 適量
- 青、紅椒片 適量
- 韓國湯醬油（국간장） 適量

乾明太魚醃料

- 鹽 ¾ 茶匙
- 胡椒粉 ¼ 茶匙
- 蒜泥 ½ 茶匙

做法

① 將乾明太魚用剪刀剪成 4 厘米小段，放入清水泡軟，白蘿蔔切片備用。

② 把泡軟的乾明太魚隔起，拌入醃料醃 20 分鐘，浸泡的水留起。

③ 鍋中倒入芝麻油燒熱，放入乾明太魚炒香。

④ 再放入白蘿蔔片拌炒。

⑤ 倒入浸泡乾明太魚的水，另加入清水至蓋過全部材料（約 500 毫升），以中大火滾 5 分鐘後，轉小火燉煮 20 分鐘。

⑥ 加入黃豆芽和豆腐續煮一會，下一點湯醬油和鹽調味，亦可灑點辣椒粉添辣，最後放入青、紅椒片。

韓式炸醬麵　짜장면

韓國最具代表性的中華料理便是炸醬麵了，相傳是為了在韓國工作的中國苦力工人提供簡單便宜的麵食而傳入，慢慢就演變成為適合韓國人口味的炸醬麵。

　　韓國把每年的 4 月 14 日定為炸醬麵日，就是因為炸醬麵烏黑黑的醬汁，這天又稱為 Black Day，經過 2 月 14 日的情人節和 3 月 14 日的白色情人節愛侶雙雙對對甜甜蜜蜜，以 4 月的同一天為單身者的紀念日，用來安慰情人節默默承受孤獨壓力的單身男女，他們會聚在一起吃炸醬麵，互相同情安慰。

　　為了不想把炸醬麵標籤成單身的標記，我和馬仔相約每年 4 月 14 日一同吃炸醬麵，抬頭看見對方嘴邊黏著烏黑黑的醬汁而互相取笑，在餐桌上享受微幸福！

材料（2 人份）　　　　　　　　　　　　　　　ⓧ 45 分鐘

- 手工麵條 2 份
- 豬肉 100 克
- 洋蔥 ½ 個
- 馬鈴薯 ½ 個
- 青瓜（切絲）⅓ 條
- 水煮蛋（切半）1 隻

豬肉醃料

- 鹽 適量
- 糖 適量
- 胡椒粉 適量
- 韓國芝麻油 適量
- 味醂 適量

醬料

- 黑豆醬（춘장）3 湯匙
- 蠔油 1½ 茶匙
- 糖 2 茶匙
- 清水 400 毫升
- 粟粉 2 湯匙（用 3 湯匙水拌勻成粟粉漿）

做法

① 豬肉、洋蔥和馬鈴薯切粒，將馬鈴薯浸泡清水中以免氧化變黑。

② 豬肉加醃料拌勻醃 15 分鐘。

③ 鍋子燒熱油，先放入豬肉粒炒香，再加入馬鈴薯和洋蔥粒拌炒一會，盛起備用。

④ 燒熱油 1 湯匙，放入黑豆醬炒香。

⑤ 加入已炒的豬肉粒、馬鈴薯和洋蔥，跟黑豆醬拌勻。

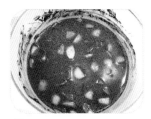

⑥ 注入清水，放入蠔油和糖調味，煮滾後調至中小火燉煮 10 分鐘。待炸醬燉煮期間，可動手煮麵條。

⑦ 最後加入粟粉水勾芡。麵條裝碗後淋上炸醬，放點青瓜絲，再加半顆水煮蛋，用筷子充分拌勻炸醬與麵條，就不要客氣快快開動啦！

TIPS

- 想豪華一點，可加入鮮蝦、蜆肉和魷魚，做成海鮮炸醬麵。
- 麵條換成米飯，加一顆太陽蛋，則變成同樣可口的炸醬拌飯。

泡菜炒飯 김치볶음밥

　　保存在冰箱的泡菜，隨著時間會不斷發酵，經徹底發酵後的泡菜，帶有一股強烈的酸味，不太適合端上飯桌作前菜食用，甚至被誤會已變壞而送進垃圾桶去！但用在料理上卻恰到好處，不單能把泡菜中的酸味去除，還可帶出泡菜的香氣，特別適合用來作鍋物和炒飯。

材料（2 人份）

- 泡菜 90 克
- 牛肉 70 克
- 白飯 2 碗
- 洋蔥 ½ 個
- 甘筍 ⅓ 條
- 雞蛋 2 隻
- 紫菜碎 適量
- 青蔥粒 適量
- 芝麻 少許

牛肉醃料

- 韓國豉油 適量
- 韓國芝麻油 適量
- 糖 適量

調味

- 糖 ¼ 茶匙
- 韓國芝麻油 1 湯匙
- 鹽 ½ 茶匙

做法

1 先準備白米飯一鍋。

2 甘筍和洋蔥切小粒，泡菜略切碎，牛肉加少許豉油、芝麻油和糖略醃一會。

3 鍋子燒熱油，先放入泡菜炒香（如用酸泡菜可略加點糖）。

④ 放入甘筍粒和洋蔥粒
炒一會。

⑤ 再放入牛肉炒至七成
熟。

⑥ 倒入白米飯繼續拌炒
直至牛肉全熟,有需
要的話,可加少許泡
菜汁。

⑦ 加入鹽、糖和芝麻油
拌匀。(根據泡菜鹹
度小心追加鹽的分量
啊!)

⑧ 灑上紫菜碎、芝麻和
青蔥粒炒匀,最後可
在飯面放上一顆焦香
的太陽蛋。

TIPS

- 炒飯的材料除了米飯和泡菜是主題食材之外,當然可以加入喜愛的
  肉類或冰箱現有的食材,惜食不浪費,絕對是清冰箱的好料理。
- 強烈建議配上一顆半熟脆邊的太陽蛋,將蛋黃弄破,流出的蛋汁裹
  著飯粒,混和泡菜的香辣爽脆,我和馬仔最愛安坐家中沙發,來一
  回「電視送飯」,一匙一匙挖著吃。

牛肋骨湯 소갈비탕

　　不知有沒有人和我一樣喜愛「啃骨頭」？尤其是牛肋骨，牛肋肉連接骨頭中間的筋膜很有嚼頭的啊！簡單加入白蘿蔔和洋蔥等提味的蔬菜一起燉煮，便能令牛肋骨的肉香充分溶入湯頭中，每呷一口都是鮮甜。

材料（2 人份）

- 牛肋骨 5-6 件
- 白蘿蔔 ¼ 條
- 洋蔥 ½ 個
- 蔥白 2 段
- 蒜瓣 2 顆
- 韓國粉絲 1 小紮
- 原顆黑胡椒 ½ 茶匙
- 韓國湯醬油（국간장）¼ 茶匙
- 鹽 適量
- 胡椒粉 適量

做法

1 牛肋骨清洗乾淨後泡水 1 小時去除血水，韓國粉絲略浸泡一下。

2 鍋中加入可以蓋過牛肋骨的水，煮滾後調至小火煮 5-10 分鐘讓血水充分排出。

3 把已汆水的牛肋骨沖洗一下。

4 鍋子重新注入清水（約800 毫升），放入牛肋骨、洋蔥、蔥白、蒜瓣、白蘿蔔，煮滾後調至小火燉煮 1 小時。

5 白蘿蔔煮熟後撈出，切成塊狀，將牛肋骨、蒜瓣、洋蔥和蔥白撈起，湯頭待涼後用篩網過濾油脂，放回牛肋骨和蘿蔔片，加入已浸泡的韓國粉絲續煮 5 分鐘至粉絲軟身，加入湯醬油、鹽和胡椒粉調味即成。

辣烤鯖花魚 고등어양념구이

鯖花魚在日本和韓國料理中都是很常見的食材，但它有一種較濃烈的魚腥味，不是所有人能接受。韓國人多喜愛用辣醬燉煮或烤的方法處理鯖花魚，惹味的醬汁正好遮掩那不討好的魚腥味道。

材料（2 人份）

- 鯖花魚 1 條 / 鯖花魚柳 2 塊
- 芝麻 1 湯匙
- 蔥粒 2 湯匙

醬汁

- 韓國辣椒醬 1 湯匙
- 韓國大醬 ½ 湯匙
- 糖稀 / 糖 1 茶匙
- 味醂 1 湯匙
- 韓國芝麻油 ½ 茶匙
- 蒜泥 1 茶匙

做法

1. 鯖花魚柳清洗乾淨後用廚紙吸乾表面水分，灑少許鹽和胡椒粉醃一會。

2. 預熱烤箱攝氏 200 度，把鯖花魚先烘烤 5 分鐘，然後反轉另一面再烘烤 5 分鐘。

3. 醬汁調好備用。

4. 烤魚從烤箱取出，抹上醬汁再送進烤箱烤 2 分鐘。

5. 灑上芝麻、蔥粒就可以開動了。

TIPS

怕麻煩不想「劏」魚的話，就買已去骨的魚柳，可以盡情大口吃魚的同時又不怕會不小心喉嚨卡魚刺！

韓式辣涼拌螺肉麵線
골뱅이무침

　　不要誤會這是一款用來填飽肚子的麵食，它多數只在韓國居酒屋的餐牌上出現。韓國人最愛三五知己到居酒屋來一客辣涼拌螺肉麵條作佐酒食物，喝杯燒酒，互相傾吐心事。

材料（2 人份）

- 東風螺 600 克
- 韓國豐水梨 ¼ 個
- 甘筍 ½ 條
- 青瓜 ½ 條
- 洋蔥 ¼ 個
- 素麵 1 小紮
- 芝麻 ½ 湯匙

醬汁

- 韓國辣椒醬 2 湯匙
- 韓國辣椒粉 1 茶匙
- 韓國芝麻油 1 湯匙
- 蘋果醋 2-3 湯匙
- 梅子汁 / 糖 1 湯匙
- 蒜泥 ½ 湯匙

TIPS

韓國豐水梨為整道菜式添上爽甜的口味，用蘋果代替也不錯的啊！

做法

1 東風螺放進滾水燙 10 分鐘，隔水盛起待涼。

2 用竹籤挑出螺肉，切去尾端的腸臟。甘筍、洋蔥、青瓜和豐水梨切絲。

3 洋蔥浸泡冰水去除辛辣味。

4 取一人盤，將蔬菜絲和螺肉拌勻。

5 醬料調好後拌入螺肉，灑上芝麻，素麵依包裝建議時間燙熟，用冰水沖洗，瀝乾，食用前和螺肉拌勻。

軟豆腐海鮮鍋
순두부찌개

軟豆腐鍋與豚肉泡菜鍋一樣經常出現在韓國餐桌上，一件豆味香濃的豆腐便是這款鍋物的主角。用上嫩滑軟豆腐，加上一顆雞蛋黃，令湯頭變得更濃郁順口。

材料（2 人份）

- 軟豆腐 1 件
- 鮮蜆 約 12 隻
- 韓國辣椒粉 1 湯匙
- 韓國辣椒醬 ½ 茶匙
- 蒜泥 1 湯匙
- 泡菜 60 克
- 鴻喜菇 1 小紮
- 雞蛋黃 1 顆
- 清水 500 毫升

高湯材料

- 小魚乾（高湯用）8 條
- 昆布 （約 4X4 厘米）3-4 片
- 白蘿蔔 ¼ 條
- 洋蔥 ¼ 個
- 清水 約 500 毫升

TIPS

注意務必用慢火細心地炒辣椒粉，要不然辣椒粉炒焦會令整鍋湯留有苦味啊！

做法

① 先準備高湯，小魚乾去頭後和切片白蘿蔔放入鍋中，煮滾後轉小火燉煮 10 分鐘，之後放入昆布續煮 5 分鐘，關火焗 10 分鐘。

② 用篩網濾出高湯。

③ 鍋子燒熱油（油要多一點），轉小火加入辣椒粉和蒜泥拌炒，再加入泡菜炒香。倒入高湯煮滾。

④ 放入鮮蜆煮至殼打開。

⑤ 再放入軟豆腐和鴻喜菇煮滾，按個人喜好加入少許辣椒醬和鹽調味，完成後放入一顆雞蛋黃。

古早韓式便當 옛날도시락

這便當是馬仔和其他韓國人學生時代的集體回憶，韓國媽媽一早起床為小孩準備午餐便當帶回學校，簡單不花俏的銅製便當盒放入豐富的伴菜，還載入媽媽對小孩滿滿的一份關愛。

　　學生會將他們的便當放到放暖的熱爐上翻熱，空氣滲著食物香氣，彷彿提醒學生們午餐小休時間即將來臨。

　　這個便當我叫它做「外帶版韓式拌飯」，只要雙手抓緊便當盒，用力上下搖啊搖，把飯和伴菜搖勻就開動了。

材料（1 人份）

⏱ 15 分鐘

- 白飯 1 碗
- 雞蛋 1 隻
- 烤紫菜 2 湯匙（市售或參考 p.176）
- 泡菜 20 克
- 小香腸 3-4 條
- 小魚乾前菜 適量
  （製作方法可參考 p.26）
- 黑芝麻 少許
- 韓國辣椒醬 ½ 湯匙
- 韓國芝麻油 ½ 湯匙

做法

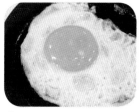  

❶ 取一平底鍋，燒熱油，煎一顆美美的半熟太陽蛋。

❷ 小香腸也煎得香香的，盛起備用。

❸ 放入泡菜，加入辣椒醬和芝麻油拌炒。準備便當盒開始組裝。先放入白飯，再放上準備好的伴菜，最後於飯面放上太陽蛋，灑點黑芝麻，小心包好就可以外帶了。

韓式烤牛肉 소불고기

在韓文中「불」是火的意思,「고기」是肉的意思,走在一起便是烤肉了。有著甜甜果香的烤牛肉是會令人一吃再吃的美食,清甜多汁的韓國豐水梨有助肉質鬆軟。在韓國吃的烤牛肉大多用上銅製淺鍋,放上醃漬後的薄牛肉片輕輕一烤就可以吃啦!

「家用版」的韓式烤牛肉也很簡易,用平底煎鍋烤好後原鍋上桌,準備新鮮翠綠的生菜和紫蘇葉,包入白飯和牛肉,相比在韓國吃的烤牛肉絕不遜色啊!

材料（2 人份）

- 牛肉薄片 300 克
- 甘筍 ⅓ 條
- 金針菇 1 小紮
- 洋蔥 ½ 個
- 韓國粉絲 30 克

牛肉醃料

- 韓國豉油 4 湯匙
- 梅子汁 1 湯匙
- 糖 / 糖稀 2 湯匙
- 料理酒 1 湯匙
- 韓國豐水梨 ½ 個
- 洋蔥 ¼ 個
- 韓國芝麻油 ½ 湯匙
- 胡椒粉 ¼ 茶匙
- 蒜泥 1 茶匙

做法

1 豐水梨去皮去籽，和洋蔥放到攪拌機打成果泥。

2 用篩網過濾出果汁，拌入其餘醃汁醬料備用。

3 牛肉片與醃汁拌勻，放到冰箱下層醃漬 1-2 天至味道融和。

④ 洋蔥和甘筍切絲，韓國粉絲泡水至軟身。 ⑤ 預熱油，放入牛肉片快炒。 ⑥ 放入韓國粉絲拌炒至軟身。

⑦ 加入洋蔥、甘筍和金針菇，亦可按個人喜好放入其他蔬菜拌炒，最後灑點芝麻。

TIPS

可以醃製多次分量，分成小包放到冰格保存，只要前一天移到冰箱下層退冰，下班回家煮鍋白飯，炒好牛肉，配一兩款前菜小碟，簡易韓風食桌就是這樣輕鬆無負擔完成。

部隊鍋　부대찌개

部隊鍋源於 1950 年代，當年韓戰過後物資短缺，美軍基地剩餘的罐頭糧食被附近居民拿來搭配辛辣的辣椒湯底，做成簡單的鍋物充飢。

　　隨著戰爭遠去，人民生活改善，部隊鍋卻流傳至今成為民間受歡迎的鍋物。韓國部隊鍋專門店愈開愈多，一大夥人圍爐滾著吃，鍋物材料還加添各種海鮮，成為豪華版的部隊鍋。

材料（2-3 人份）　　　　　　　　　　　　　⏱ 25 分鐘

· 韓國即食麵 1 包
· 罐頭茄汁焗豆 ½ 罐
· 芝士 1 片
· 煙肉 2-3 片
· 午餐肉 1 小罐
· 火腿 3-4 片
· 年糕 10-12 片
· 豆腐 ½ 件
· 香腸 3-4 條
· 泡菜 100 克
· 金針菇 1 小紮
· 牛油 1 小塊
· 大蔥 適量

湯底材料

· 昆布小魚乾高湯 700 毫升
· 韓國豉油 1 湯匙
· 韓國辣椒醬 2 湯匙
· 蒜泥 1 湯匙
· 味醂 1 湯匙
· 即食麵湯包 1 包

做法

① 先準備好昆布小魚乾高湯（製作方法可參考 p.186）。

② 除高湯外，其他湯底調味料預先調好，然後拌入高湯。

③ 取一淺鍋，將泡菜略略炒出香味。

④ 鍋中間位置先放上即食麵，其他材料圍著即食麵整齊排好，即食麵上鋪上芝士和放上 1 小塊牛油。

⑤ 最後再滿滿的倒上茄汁焗豆，放到爐上，注入湯底，大家準備好碗筷，開動了！

TIPS

● 整個部隊鍋的亮點是加汁焗豆和芝士，其他食材就按個人喜好自由配搭吧！
● 最好先吃即食麵，泡在湯裡太久會糊掉不好吃啊！

小食・甜品

韓式紫菜飯卷 김밥

米飯是韓國人的主食，特別在農耕的鄉鎮，韓國人仍以米飯作早餐，配數款前菜小碟，簡單做鍋湯，呼嚕嚕吃完就下田去。他們認為米飯是體力的來源，吃下一整碗米飯才有力氣應付辛勞的農耕工作。

都市人生活緊張，沒有時間好好坐下來悠然地吃早飯，紫菜飯卷就成了早餐速食的首選。紫菜包入米飯和各種配料，切成一口大小，每一口紫菜飯卷包含豐富營養，在美好的清早為身體注入滿滿的能量。

材料（2 人份）

⏱ 45 分鐘

- 白米 1 杯
- 紫菜 2 塊（飯卷用）
- 醃漬黃蘿蔔 2 條
- 醃漬牛蒡 2 條
- 牛肉 90 克
- 菠菜 70 克
- 甘筍 ¼ 條
- 鹽 ½ 湯匙
- 韓國芝麻油 ½ 湯匙
- 芝麻 適量

牛肉醃料

- 韓國豉油 1 湯匙
- 梅子汁 1 湯匙
- 韓國芝麻油 ½ 茶匙
- 胡椒粉 ¼ 茶匙

做法

① 將白米煮成飯後，加入鹽和芝麻油各½湯匙，灑上芝麻充分拌勻。

② 牛肉拌入醃料醃20分鐘。

③ 菠菜放到滾水燙45秒，隔水後拌入少許芝麻油和鹽。

④ 甘筍切幼絲，放到平底鍋炒至軟身，盛起備用。

⑤ 將醃好的牛肉放到平底鍋炒熟，盛起放涼。

⑥ 準備竹墊一塊，放上紫菜一片，因米飯會黏手，所以手要沾點水才鋪上白米飯。

⑦ 在飯的正中位置放上各種食材。

⑧ 小心將竹墊捲起，用手輕輕壓實。

⑨ 於飯卷掃上薄薄一層芝麻油，刀抹上少許飲用水防黏，將飯卷切件，最後灑上芝麻就完成了。

TIPS

- 醃漬黃蘿蔔和牛蒡在售賣韓國雜貨的小店可以買到。
- 發揮創意，可以將飯卷的配料換上自己喜愛的食材。

韓式辣炒年糕 떡볶이

　　紅紅的辣炒年糕可算是韓國國民第一美食。在韓國街頭不難發現它的蹤影，街道搭起的帳篷內，嬸嬸都在忙著做小吃。軟糯香滑的年糕，裹上豐厚的甜甜辣辣醬汁，如果你是「無辣不歡」一族，快快學起來，將韓國街頭小吃搬上家中的食桌吧！

材料（2 人份）

- 年糕條 200 克
- 洋蔥 ½ 個
- 甘筍 ½ 條
- 韓國魚片 1 塊
- 水煮蛋 1 隻

醬汁材料

- 昆布小魚乾高湯 300 毫升
- 韓國辣椒醬 2 湯匙
- 韓國辣椒粉 1 茶匙
- 韓國豉油 1 湯匙
- 蒜泥 ½ 湯匙
- 糖 2 茶匙
- 糖稀 2 茶匙

做法

1 年糕條放入清水浸泡 30 分鐘至稍為軟身（在冰格冷凍的年糕條浸泡時間會較長）。

2 洋蔥、甘筍切幼條，魚片切成長方形小片備用。

③ 昆布小魚乾高湯（製作方法可參考 p.186）準備好後，加入醬汁材料煮滾。

④ 加入已泡軟的年糕以中火煮滾，之後轉小火不停翻炒，避免年糕黏在鍋底。

⑤ 翻炒 5-8 分鐘後醬汁開始變得濃稠，放入洋蔥、甘筍和魚片繼續拌炒至年糕軟身，期間如醬汁太濃稠可加適量清水。

TIPS

- 年糕完成後可以灑一把莫薩里拉（Mozzarella）芝士碎，丟到烤箱烤至芝士溶化成金黃色，變成邪惡度升級的芝士烤年糕。

- 馬家喜愛加入已煮泡好的拉麵，變身拉麵炒年糕（라볶이），每條麵條都沾上甜辣醬汁，很惹味的啊！

韓式魚板串湯 어묵탕

　　魚板串是韓國路邊帳篷小吃攤的長青小吃，一串串的魚板浸泡在熱騰騰的高湯裡，在寒風凜冽並下大雪的韓國冬天，肚子有點餓的時候，魚板串便成為暖身填一下肚子的好物。躲在帳篷裡取點暖的同時，一手抓起魚板串，沾點醬汁，大口大口咬著吃，最後喝一小杯魚板的高湯，身暖心也暖！

材料（2 人份）

- 韓國魚板 4 片
- 白蘿蔔 ¼ 條
- 洋蔥 ½ 個
- 小魚乾 6-8 條
- 小蝦乾 8 隻
- 昆布 5 小塊
- 指天椒 2 隻
- 蔥白 2 小段
- 蔥粒 適量
- 鹽 ¾ 茶匙
- 清水 450 毫升

做法

① 先將魚乾和蝦乾放入茶包袋，除魚板、昆布外，其他材料一併放入鍋中，加清水煮滾後，轉小火燉煮 10 分鐘。

② 之後加入昆布續煮 5 分鐘，關火焗 10 分鐘便完成高湯。

③ 魚板用竹籤串起，用熱水沖去表面的油分。

④ 高湯用篩網隔去湯料。

⑤ 蘿蔔取出並切片，與高湯放回鍋中煮滾，放入魚板串，以鹽調味，上桌前可灑點蔥粒作點綴。

TIPS

沾魚板醬汁的製作方法可參考 p.173。

119

韓式海鮮蔥煎餅
해물파전

韓國人有下雨天吃煎餅的定番活動，他們認為煎餅在煎鍋中發出滋滋的聲音跟「滴滴答答」的雨聲很相似，這時和家人吃著熱呼呼的煎餅、喝口冰涼米酒，心情豁然開朗起來！

材料（3 片直徑 14 厘米或 1 片直徑 26 厘米）

- ·煎餅粉 75 克
- ·冰水 130 毫升
- ·雜錦海鮮（蝦、蜆肉、魷魚）適量
- ·青蔥 1 小棵
- ·青、紅尖椒（切片）各 ½ 條

調味料

- ·鹽 ¼ 茶匙
- ·油 ¼ 茶匙

做法

1 海鮮用少許胡椒粉拌勻去除腥味。煎餅粉加入冰水拌勻至無粉粒，以鹽和油調味。可預先將海鮮粒放到粉漿拌勻。

2 青蔥切成約 2 吋的長度，並用少許煎餅粉抓拌一下。

3 平底煎鍋以中火預熱油，均勻地放入蔥段。

4 倒入海鮮粉漿，小心移動煎鍋讓粉漿平均佈滿整個鍋面，調至中小火慢慢煎烤，海鮮煮熟後，加入青、紅尖椒片（如不嗜辣的話可省略）。

5 一面煎成金黃色後，小心反轉煎餅，將另一面同樣煎至金黃色。

TIPS

- 如用急凍雜錦海鮮要先退冰，沖洗乾淨後必須吸乾水分。
- 以冰水開調粉漿，做出來的煎餅會更脆口啊！
- 除海鮮外，粉漿還可拌入酸泡菜做成香辣泡菜煎餅。
- 好吃的煎餅，要煎烤至外脆內軟，花點時間和耐性慢慢煎吧！

脆辣梅子雞塊 닭강정

　　韓式炸雞的精髓除了配上一杯冰凍啤酒之外，就是在於要用手拿著吃，才能有吮指頭的滿足感，不愛「啃骨頭」但又想優雅地吃炸雞，不妨試做這款脆辣梅子雞塊，去骨炸雞塊一口一塊用叉戳著吃，不會弄得手油油膩膩。

　　窩在家看電影或球賽時來一客炸雞塊和冰凍啤酒才是王道。

材料（2 人份）

- 雞腿肉 300 克
- 鮮牛奶 1 杯 （約 200 毫升）
- 麵粉 3 湯匙
- 粟粉 1 湯匙
- 鹽 適量
- 胡椒粉 適量

醬汁

- 韓國辣椒醬 2 湯匙
- 茄汁 2 湯匙
- 梅子汁 2 湯匙
- 蒜泥 1 茶匙
- 洋蔥碎 2 湯匙

TIPS

雞肉浸泡鮮牛奶可以使雞肉
肉質更嫩滑。

做法

1 雞腿肉清洗乾淨切成
一口小塊，浸泡鮮牛
奶 30 分鐘。

2 隔去鮮牛奶後用鹽和
胡椒粉醃 20-30 分鐘。

3 雞塊放入麵粉和粟粉
（比例 3:1）充分拌勻。

4 取一小鍋，倒入油燒
熱（可把木筷子放入
油測溫，筷子旁出現
氣泡表示油溫夠熱）。

5 將雞塊放入油鍋炸至
外皮開始脆及呈少許
金黃時夾起，所有雞塊
都炸了第一趟後調至大
火，將雞塊回鍋炸至金
黃，夾起瀝乾油分。

6 取一平底鍋，燒熱油，
放入洋蔥碎和蒜泥以
慢火炒至釋出香氣，將
其他醬汁材料放入煮
滾。隨喜好可將雞塊放
入醬汁拌勻或是將醬
汁盛起也可。

手工泡菜餃子 김치만두

肚子餓了，不想隨便泡個麵填飽肚子，在冰箱挖出手工泡菜餃子，燒鍋水，
丟入餃子燙熟，期間倒出沾醬，10 分鐘輕鬆上桌。餃子餡料隨個人喜好加減，
換上泡菜更能多添韓國風味。餃子，還是自家手工製的最好吃。

材料（2-3 人份）

· 豬絞肉 100 克
· 芽菜 40 克
· 泡菜 100 克
· 韓國粉絲 20 克
· 豆腐 65 克
· 餃子皮 24 片

餡料調味

· 鹽 ½ 湯匙
· 糖 1 茶匙
· 韓國芝麻油 1½ 茶匙
· 胡椒粉 ¼ 茶匙
· 蒜泥 ½ 茶匙
· 薑泥 ¼ 茶匙

做法

❶ 芽菜清洗乾淨後，放入滾水灼 2 分鐘，然後瀝乾水切碎。

❷ 粉絲放入滾水灼 5 分鐘，瀝乾水後同樣切碎。

❸ 泡菜亦略為切碎一下。

❹ 豆腐用廚紙盡量吸乾水分後，用刀壓碎。

5 將全部材料倒入攪拌碗中，放入調味料拌勻。

6 餡料完成後，放入冰箱下層冷藏 30 分鐘。

7 準備餃子皮，將 1 茶匙餡料放到餃子皮中央。

8 塗抹一點水在餃子皮邊然後對摺，用手指輕輕捏合成半圓形狀。

9 再將半圓摺合，就成了脹鼓鼓的餃子了。

10 小心將餃子整齊排列起來，可灑點麵粉防黏。

11 餃子整齊地鋪在蒸籠上，水滾後以中大火蒸 5-8 分鐘（實際時間根據餃子大小有所調節）或是放到滾水燙熟也可。

TIPS

- 沾醬可參考 p.173 的自家製醬汁，新鮮材料無添加。
- 利用假日閒暇大批量製作，放到冰格保存，從冰格取出就可以直接拿去蒸或水煮，非常方便。
- 部分還可以包成煎餃模樣，可蒸可煎可水煮，多樣變化。

韓式烤肉醬一口小飯糰
쌈장한입주먹밥

韓國人很喜愛假日到郊外野餐，放空一下，呼吸一口清新空氣。野餐的食物林林總總，但總是離不開米飯，大清早準備好紫菜飯卷、小吃和水果，便和家人浩浩蕩蕩野餐去。

不得不承認我也有發懶的時候，做紫菜飯卷需預備的材料和時間較多，如想在有限時間做出野餐美食，這道烤肉醬一口飯糰可以幫到你。烤肉醬和波隆那肉醬（Bolognese Sauce）的做法相近，預先做好分裝冷藏，出門前準備好小飯糰和生菜，把肉醬翻熱便輕鬆完成。

材料（2 人份） 45 分鐘

- 白米飯 2 碗
- 豬絞肉 80 克
- 洋蔥 ¼ 個
- 甘筍 ¼ 條
- 蒜泥 ½ 湯匙

調味料

- 韓國烤肉醬 2 湯匙
- 韓國辣椒醬 2 茶匙
- 鹽 ½ 茶匙
- 糖 1 茶匙
- 茄膏 1 茶匙
- 清水 100 毫升

做法

1 洋蔥和甘筍切粒備用。鍋子燒熱油，下蒜泥炒至香氣釋出。

2 首先放入洋蔥粒炒至透明，釋出甜味。

3 再放入甘筍粒拌炒。

128

 **4** 加入豬絞肉，花點時間拌炒均勻。

 **5** 倒入清水約 100 毫升，放入調味料煮滾（喜愛辣味的可以灑點辣椒粉）。

 **6** 最後轉小火，加蓋燜煮 20-30 分鐘，可按個人喜好加鹽或糖調整一下味道（如水分太多可調至中大火收汁）。

7 用保鮮膜包裹約 1-2 湯匙白飯，輕搓成圓球形狀。

8 除去保鮮膜，將一口飯糰放到生菜上，添上 1 小匙烤肉醬伴吃。

 TIPS

- 餘下的烤肉醬放涼後裝入密封玻璃器皿，放入冰箱下層保存，2-3 天內食用；或用保鮮袋分裝好放到冰格冷藏，可以保存約 1 個月。
- 烤肉醬除了用來拌飯吃之外，用來拌意粉或青菜同吃也非常搭調啊！

人蔘蜂蜜紅棗茶
인삼대추차

　　韓國也有他們喝茶養生的文化，他們愛用果實
和植物製茶，當中最為人熟悉的便是柚子茶了。

　　人蔘蜂蜜紅棗茶是另一款大熱養生茶品，韓國
媽媽最愛在寒冬來臨前煮一鍋跟家人分享，據說有
預防感冒的功效啊！

材料（2 人份）

- 水蔘 1-2 條
- 韓國豐水梨 ½ 個
- 紅棗 4-5 粒
- 蜂蜜 適量
- 清水 400 毫升

做法

1 水蔘用小刷小心刷去表面污泥。

2 豐水梨切半去籽，紅棗去核。

3 取一小鍋，注入清水，放入水蔘、豐水梨和紅棗大火滾 5 分鐘，轉小火續煮 25 分鐘，關火後加入適量蜂蜜調味。

TIPS
可以灑點松子仁一同喝啊！

梅子茶 매실차

每年 3-4 月是青梅盛產的限定季節，梅子青綠圓潤，最適合用來釀製梅酒。韓國的青梅收成期則是每年 5-6 月，他們除了釀梅子燒酒外，還會釀製梅子汁，青梅和糖比例 1:1，以靜待的心，讓梅子的酸香與糖的甜味緩緩融和，成為純天然的梅子汁。

梅子汁是韓國料理的好幫手，可以用來醃肉類、製泡菜和調醬汁。梅子汁含有酵素，有整腸作用，對腸胃不適和便秘有良好的治療功效。在吃飽喝醉的時候，以暖水沖泡一杯溫熱的梅子茶，可以紓緩飽脹不適。

材料（1 人份）　　　　　　　　　　　　　　　　　　　🕐 5 分鐘

- 自家釀製梅子汁 45 毫升

（製作方法可參考 p.188）

- 冰水 200 毫升
- 冰塊 適量
- 糖漬梅子 1-2 顆

做法

❶ 梅子汁和冰水調勻，放入糖漬梅子和適量冰塊即可

TIPS

- 加入梳打水，即成適合夏日飲用的梅子梳打特飲，消暑又解渴。
- 梅子汁亦可以拌入紅茶、綠茶或烏龍茶，做成不同風味的飲品，冷飲或熱飲都很好喝啊！

甜米露 식혜

　　甜米露是用乾麥芽粉浸泡出來的米湯，放入米飯釀熟的飲品。在吃完火辣辣的烤肉料理或是享受完汗蒸幕滿身大汗後，來喝一大口甜米露，分外甘甜爽口。

材料（6-8 人份）

- 麥芽粉（엿기름）3 杯
- 清水 15 杯（1 杯約 200 毫升）
- 米 ½ 杯
- 糖 7-8 湯匙
- 松子仁 適量

做法

①將 3 杯麥芽粉放入棉布袋，紮緊袋口並放到大攪拌碗中。

②注入清水 9 杯，浸泡 1 小時至麥芽粉軟身。

③用手輕揉麥芽粉，麥芽水會漸漸變成米白色。

④將麥芽水倒入另一攪拌碗備用。

⑤重新注入清水 6 杯，放入麥芽粉再次搓揉。

⑥將麥芽水混合後放到冰箱下層待最少 6 小時。隔天也可，但不可放太久啊！

135

7 將面層淡黃色的麥芽水倒入電飯煲，小心不要把底部的白色粉末也倒進去。

8 米 ½ 杯煮成米飯，水可比平常少，飯粒硬一點也沒關係。

9 將飯粒全放到麥芽水裡拌勻一下。

10 啟動電飯煲「保溫」模式，以 60-65 度將麥芽水發酵 4-5 小時。

11 打開電飯煲看到很多飯粒浮上來，即表示發酵完成。

12 將飯粒隔開放入小盒，倒入飲用水浸泡並放到冰箱下層保存。

13 麥芽水倒入鍋中，中大火加熱滾起後，加入糖拌勻，隔去浮面的泡沫，轉小火煮 20 分鐘，待涼後用篩網過濾，然後放到冰箱下層冷凍。飲用時加入 1-2 茶匙飯粒，並可灑點松子仁。

穀米曲奇 미숫가루쿠키

穀米粉（미숫가루）是由多達 15 種穀麥和大豆研磨成粉末的一款健康食物，味道有點像日本甜點用的黃豆粉，但穀米粉更多了玄米和芝麻的香氣。韓國人喜愛用溫鮮牛奶沖泡穀米粉作早餐飲料，簡單的一杯就能給身體提供足夠的能量以應付早上忙碌的工作，亦據稱有減肥和預防便秘的功效。

將穀米粉代替部分麵粉製作曲奇，同時減少牛油用量，口感略比傳統曲奇少點牛油酥香，但有著淡淡的米香氣，適合作為日常健康小零嘴。

材料（2 人份）

🕐 50 分鐘

· 穀米粉 （미숫가루）100 克
· 無鹽牛油 60 克
· 鮮牛奶 1 湯匙
· 低筋麵粉 60 克
· 糖 60 克
· 泡打粉 3 克
· 鹽 2 克
· 雞蛋 1 隻

做法

1 先用熱水隔熱溶化牛油，放入糖、鹽、泡打粉和鮮牛奶拌勻。

2 雞蛋充分打勻。

3 取一攪拌盆，穀米粉和低筋麵粉用篩網篩好。

④ 牛油溶液和蛋液倒入
攪拌盆中和麵粉混合
成糰。

⑤ 用擀麵棍將麵糰擀薄,
放入冰箱下層至麵糰
變硬,方便印模。

⑥ 從冰箱取出麵糰後用
曲奇餅模印出喜愛的
形狀。

⑦ 預熱烤箱,烤盤鋪上
烘焙紙,把曲奇放到
烤盤上。

⑧ 將曲奇放到烤箱以攝
氏 170 度 烘 烤 15 分
鐘,待涼後放入密實
罐保存。

TIPS

烤箱爐溫和曲奇大小各有不同,要視乎情
況加減烘烤時間。

炸紫菜卷 김말이튀김

做料理最有趣的地方便是可以將吃剩的剩菜搖身一變，化身成為另一道美味的菜式。這道香脆炸紫菜卷便是由韓式炒粉絲和紫菜飯卷剩下的紫菜組合而成，非常適合作午後小點心。

材料（2 人份）

· 剩菜韓式炒粉絲
· 紫菜 2-3 片

炸漿材料

· 雞蛋 ½ 隻
· 麵粉 3-4 湯匙
· 冰水 50 毫升

做法

1 先將紫菜用廚剪剪開一半。

2 調好炸粉漿。

3 將粉絲包入紫菜，沾少許粉漿封口。

4 紫菜卷切成 2-3 等份，紫菜部分沾上炸漿。

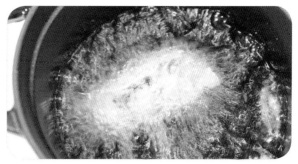

5 小鍋燒熱油（約攝氏 180 度），放入紫菜卷炸至表面呈金黃色即可。

Fusion 韓滋味

韓風魔鬼蛋 데블드에그

魔鬼二字，頓時聯想到邪惡。這道愈邪惡愈好吃的魔鬼蛋其實是以水煮蛋為基礎而變化出來的一道沙律，蛋黃醬與蛋黃的完美混合，加入富有韓國風味的泡菜和辣椒醬，一隻接一隻停不了口。

材料（6件）

- 雞蛋 3 隻
- 泡菜（切碎）10 克
- 韓國辣椒醬 ½ 茶匙
- 蛋黃醬 2 ½ 湯匙
- 即磨黑胡椒 ¼ 茶匙
- 海鹽 ¼ 茶匙
- 青蔥粒 適量
- 黑芝麻 適量

做法

① 雞蛋隨水放進鍋子，待水滾起後轉小火，計時 9 分鐘至雞蛋全熟。

② 立即泡冰水讓雞蛋冷卻降溫，雞蛋才不會過熟。

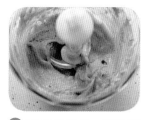

③ 雞蛋對切後，將蛋黃挑出來放到攪拌器中，稍微壓碎後加入蛋黃醬、韓國辣椒醬、泡菜碎、黑胡椒和海鹽充分攪拌。

④ 拌好後放入擠花袋（可以套上擠花咀擠出漂亮的花紋）。

⑤ 將蛋黃醬均勻地擠到蛋白中，放上泡菜碎和青蔥粒裝飾，也可灑點黑芝麻點綴。

TIPS

- 雞蛋隨水一同煮滾，可避免因冷縮熱脹而令蛋殼爆開，亦可於水中加入少許白醋，有凝固蛋白的作用，以防雞蛋裂開時蛋白會漏出。
- 將雞蛋對切時動作要輕手小心，別弄破白滑的蛋白啊！每對切一隻雞蛋，最好抹一下刀鋒，以免沾在刀上的蛋黃黏在蛋白上。

韓式烤辣雞薄餅 닭갈비피자

　　我總愛在假日以悠閒舒暢的心情做薄餅，再準備一盤沙律或煮個湯作早午餐，以慰勞一週的勞累。

　　自己擀麵糰也不是太麻煩，更可以一次做數個分量，然後分裝放冰箱存放。把自己愛吃的材料統統放上薄餅麵糰，堆得滿滿的，之後就交給烤箱接手，滿室都是芝士香氣。

材料（直徑 18 厘米）

- 薄餅麵糰 1 個
- 雞腿肉 1 塊（約 100 克）
- 年糕條 4-5 條
- 莫薩里拉芝士（Mozzarella）1 大把
- 車打芝士碎（Cheddar）1 大把
- 青椒（切幼條）適量

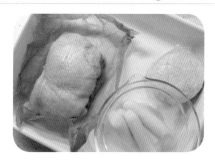

薄餅麵糰材料（可做直徑 18 厘米薄餅 4 個）

- 高筋粉 150 克
- 低筋粉 50 克
- 鹽 ¼ 茶匙
- 速發酵母 2.5 克
- 橄欖油 ¾ 湯匙
- 清水 100-110 毫升（視乎麵粉受水程度而定）

雞腿醃料

- 韓國辣椒醬 2 茶匙
- 韓國豉油 1 茶匙
- 蒜泥 ½ 茶匙
- 糖 1 茶匙
- 料理酒 少許
- 胡椒粉 少許

TIPS

不想花時間搓麵糰的話，可以
用墨西哥薄餅代替，韓風加墨
西哥風也不錯啊！

做法

❶ 先來把薄餅麵糰做好。
速發酵母放入水靜待
15 分鐘至酵母活躍起
來。

❷ 攪拌盆裡篩入高筋和
低筋粉。

147

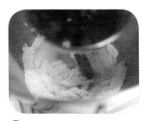

3 開動廚師機,加入酵母,慢慢倒入水,攪拌至麵糰成形。(如沒有廚師機,可以在清潔乾爽的枱面上篩上麵粉,搓揉麵糰)。

4 最後加入鹽和橄欖油(最初油和麵糰會有點分離,用點耐性搓揉,油分會慢慢滲入麵糰)。

5 麵糰搓揉好放到小盆,蓋上保鮮膜,待發酵45分鐘至1小時,至麵糰發大2倍。

6 麵糰分成4小份(每一份的薄餅直徑約18厘米,可按需要的大小自定),餘下的麵糰可以用保鮮膜包好放到冰格冷藏1個月。

7 雞腿肉切小粒拌入醃料醃20分鐘,同時可以預熱烤箱攝氏200度。

8 取一平底煎鍋,燒熱油,放入雞塊炒熟,盛起備用。

9 年糕條放入滾水灼至軟身,盛起後沖一下冷水,再切成小粒備用。

10 麵糰用擀麵棍擀薄,可以灑點麵粉防黏,再塗抹一點橄欖油。

11 把雞肉先鋪滿麵糰,再放上年糕粒和青椒,豪邁地灑一大把芝士,再送進烤箱烤10-15分鐘至表面呈金黃色。

香烤薯塊配麻香泡菜乳酪醬
감자구이 w/ 김치요구르트딥

馬鈴薯，一種百變的食材，不論當主菜或是配菜也相當出色，特別適合用來做朋友聚會或節日派對上的小吃。不論是烤薯角或炸薯條，大家都愛蘸點番茄醬同吃，就是番茄醬的酸甜味道啟發了我做出這道菜的靈魂沾醬。

　　把切碎的泡菜混入乳酪中，泡菜的爽脆口感與薯塊的外脆內軟形成了強烈對比，口感格外豐富，而且健康的乳酪正好平衡了薯塊的油膩感，吃多少也沒有罪疚感！

材料（2 人份） ⏱ 30 分鐘

- 馬鈴薯 （新薯）3 個
- 橄欖油 1-2 湯匙
- 紅椒粉（Paprika）½ 茶匙
- 海鹽 適量
- 黑胡椒 適量

沾醬材料

- 希臘純乳酪 3 湯匙
- 韓國辣椒醬 2 茶匙
- 蒜泥 ½ 茶匙
- 磨碎芝麻 ½ 湯匙
- 泡菜 1 湯匙
- 青蔥 適量

做法

❶ 預熱烤箱攝氏 180 度，馬鈴薯清洗乾淨後連皮切成薯塊。

❷ 薯塊拌入橄欖油、海鹽、黑胡椒及紅椒粉。

❸ 烤盤鋪上烘焙紙，把拌好調味料的薯塊平均放到烤盤上。

④ 放入烤箱以 180 度烤 20 分鐘至薯塊表面呈金黃色，烘烤期間要不時翻動薯塊以免烤焦。

⑤ 薯塊在烤箱烤焗的同時，把沾醬混合調好，可放上青蔥粒和芝麻作裝飾。

TIPS

- 除馬鈴薯外，也可以作為蔬菜棒的沾醬。
- 喜愛炸物的朋友，用來沾炸魚柳、炸豬排或炸雞塊也很不錯的啊！
- 各位芝麻控，不妨豪邁地大手磨多點芝麻加到沾醬中，盡情品嚐芝麻香。
- 若家中只有純乳酪，一個簡單小撇步，就能輕鬆做出口感濃郁的希臘乳酪。
  (1)準備咖啡濾杯和濾紙，底下放一隻小杯用來盛載濾出的乳清。
  (2)將純乳酪倒入咖啡濾紙中，上層覆蓋保鮮膜，放到冰箱下層。
  (3) 2-3 小時後從冰箱取出，乳清濾掉了，變成濃稠的希臘乳酪。

辣烤五花肉蘆筍卷
아스파라거스삼겹살말이

韓國有一地道料理叫「菜包肉」
（보쌈），用上白灼五花肉，然後
配以生菜、泡菜、蒜片等佐料包著
來吃，我將它變奏為懶人版烤箱料
理，換上翠綠蘆筍，五花肉裹上麵
包糠，放進烤箱將它烤脆就完成了。

材料（2 人份）

- 五花肉薄片 8 片
- 泡菜 約 40 克
- 鮮蘆筍 16 條
- 麵包糠 5 湯匙
- 橄欖油 1 湯匙

TIPS

五花肉卷的沾醬很隨意，韓風味多
一點的可以用烤肉醬，西洋風味強
一點的可以用芥末蜜糖醬或甜黑醋
醬，和式風味則可以用日式芝麻醬
啊！

做法

1 先將烤箱預熱攝氏
180 度，麵包糠放到
平底鍋，加入橄欖油
以小火翻炒麵包糠至
微微金黃，放一旁待
涼。

2 蘆筍清洗乾淨後切半。

3 燒熱一鍋水，放入少
許鹽和橄欖油，再放
入蘆筍灼 1 分鐘後夾
起。

4 取 1 片五花肉，鋪上 1-2
片泡菜，再捲入蘆筍。

5 將五花肉卷裹上麵包
糠，輕輕壓實以免麵
包糠散開。

6 送進烤箱烤至五花肉
片熟透，表面呈金黃
色即成。

泡菜煙肉奶油意大利麵
김치크림파스타

我家冰箱的泡菜主要做來滿足馬仔那個思鄉韓國胃，基本上他每一餐都要吃泡菜才覺安心。有一次我花了一整個下午準備了西餐五道菜，他竟然從冰箱掏出泡菜拌意大利麵來吃。當時我心一沉，好好的一頓西餐，非要拿出泡菜來破壞整個氛圍嗎？

用泡菜來做意大利麵會是甚麼味道？突然靈機一動，加入淡忌廉和泡菜做的意大利麵原來是很好吃的。酸辣的泡菜中和了淡忌廉的油膩，將韓風和西餐完美結合於餐碟上。

材料（1人份）

⏱ 20分鐘

· 乾意大利麵 70 克
· 泡菜 30 克
· 淡忌廉 100 毫升
· 鮮牛奶 50 毫升
· 煙肉 1 片
· 洋蔥 ¼ 個
· 海鹽 適量
· 黑胡椒 少許
· 番茜 適量

做法

1 意大利麵按包裝說明減少 1 分鐘的灼麵時間（灼麵水別忘記加少許鹽和橄欖油啊！），完成後隔水備用。

2 煙肉切粒，洋蔥切幼絲。

3 泡菜也切碎一點。

  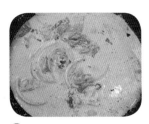

④ 平底鍋燒熱油，放入煙肉粒煎香，再放入洋蔥絲拌炒。

⑤ 把泡菜加入鍋中炒至釋出香氣。

⑥ 倒入淡忌廉和鮮牛奶拌勻（隨個人口味可加入小量泡菜汁）。

⑦ 放回意大利麵拌勻，讓意大利麵充分沾上泡菜奶油醬汁，加入適量海鹽和黑胡椒調味，最後灑上番茜碎作裝飾。

泡菜芝士烤扇貝
가리비김치치즈구이

身為芝士控一名，總會對加入大量芝士的料理為之瘋狂。這道烤扇貝，表面的芝士烤得香濃，配上泡菜和蘊藏在芝士底下的酸辣醬，吃一隻又怎能罷休呢？

材料（1-2 人份）

- 大扇貝 3 隻
- 泡菜 適量
- 青、紅尖椒 各 ½ 隻
- 甘筍 ¼ 條
- 莫薩里拉芝士（Mozzarella）1 大把

醬汁

- 韓國辣椒醬 1 湯匙
- 辣椒汁（Tabasco）1 茶匙
- 茄汁 1 湯匙
- 檸檬汁 1 茶匙
- 糖 ½ 茶匙

做法

1 扇貝用小刷刷洗外殼表面污泥，裙邊亦充分清洗乾淨。

2 甘筍、青紅尖椒切成小粒備用。

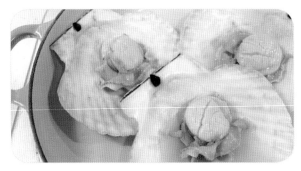

3 先將扇貝放到蒸鍋略蒸 2 分鐘，倒去殼中水分。

④ 調好醬汁，然後在每隻扇貝上放1湯匙醬汁。

⑤ 加入色彩繽紛的蔬菜粒。

⑥ 灑上大量芝士。

⑦ 預熱烤箱攝氏200度，放入烤箱烤10分鐘至芝士溶化呈金黃色，灑上泡菜碎便完成。

TIPS
除扇貝外，還可以選用其他貝殼類海鮮，例如大蜆、蠔、青口等。

159

韓風泡菜烘蛋餅 김치프리타타

烘蛋餅 Frittata 是傳統意大利家庭菜式，以雞蛋為主要材料，隨意加入冰箱的剩餘食材，每次都能做成不同風味的蛋餅。

於蛋餅中加入泡菜這韓風食材，為蛋餅增添一份微酸微辣的異國風味。

材料（直徑 14 厘米蛋餅 1 個）

- 雞蛋 2 隻
- 煙肉 1 片
- 鮮牛奶 / 淡忌廉 20 毫升
- 泡菜 30 克
- 洋蔥 ¼ 個
- 海鹽 ¼ 茶匙
- 黑胡椒 ¼ 茶匙
- 帕馬森芝士（Parmesan）1 湯匙
- 青蔥粒 少許

做法

❶ 洋蔥切幼絲，煙肉和泡菜切小粒。雞蛋打勻，加入鮮牛奶或淡忌廉，放入芝士碎，以海鹽和黑胡椒調味。

❷ 平底煎鍋熱溶牛油，放入煙肉粒炒至油分釋出。

❸ 然後放入洋蔥絲和泡菜粒炒香。

❹ 倒入蛋液，以中小火慢煎至邊緣的蛋液開始凝固，整鍋移到烤箱以攝氏 160 度烤至蛋液凝固及表面呈金黃色，可在蛋餅面放上少許泡菜粒和青蔥粒作點綴。

人蔘沙律 인삼샐러드

　　水蔘在韓國如同蘿蔔、馬鈴薯一樣輕易在超市或菜市場買到，除了用來燉蔘雞湯之外，還會用來製作泡菜或是加入鮮牛奶攪拌成人蔘鮮奶來養生。

　　記得有一次回韓國吃烤韓牛，店家贈我們一客人蔘沙律，水蔘切成幼絲拌入沙律菜中，味道雖然清新，但略嫌水蔘甘苦味太重，回家後便動動腦筋試把水蔘裹點麵粉用油半煎炸，的確能減少當中的甘苦味，口感亦變得香脆，輕怡沙律頓時增添幾分矜貴味道。

材料（2 人份）

15 分鐘

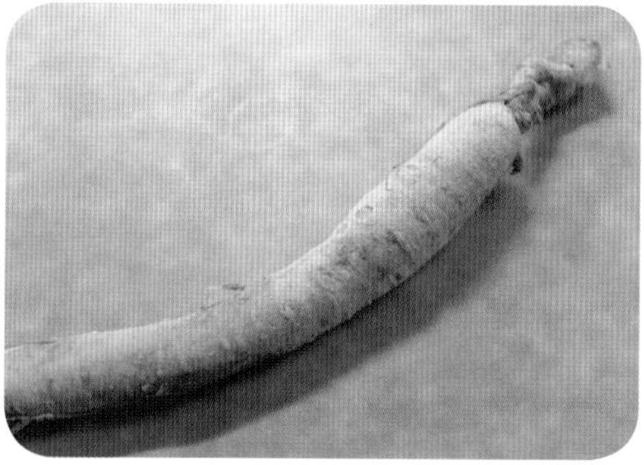

- 水蔘 1-2 條
- 沙律菜 70 克
- 麵粉 適量

沙律汁

- 黑醋 2 湯匙
- 初榨橄欖油 2 湯匙
- 柚子蜜 1 茶匙
- 蒜泥 ½ 茶匙

做法

1. 沙律菜清洗乾淨瀝乾水分。

2. 水蔘用刷小心刷去表面的污泥後，切成幼條狀。

3. 水蔘裹上麵粉後，放入油鍋炸成脆條。

4. 水蔘放到廚紙上印去多餘油分，鋪在沙律菜上，食用前拌以沙律汁同吃。

韓風大醬奶油蜆肉野菌筆管麵
조개된장크림펜이

說起韓國大醬，不期然就會想起熱呼呼帶點微辣的韓式大醬湯。雖然這類發酵醬料存放時間相對較長，但光用來做大醬湯挺納悶的，做西餐時不妨試試在白醬的基底上加入小小的一匙大醬，說不定會給你意想不到的味蕾刺激。

材料（1 人份）

⏱ 25 分鐘

· 乾筆管麵 60 克
· 鮮蜆 10 隻
· 野菌（任何菌類也可）1 小紮
· 淡忌廉 60 毫升
· 鮮牛奶 60 毫升
· 韓國大醬 1⅓ 湯匙
· 白酒 30 毫升
· 蒜泥 1 茶匙
· 黑胡椒 少許
· 番茜 適量

做法

❶ 燒一鍋滾水，放點鹽和橄欖油，然後放入筆管麵，按包裝指示的灼麵時間減少 1 分鐘，把麵隔起。

❷ 韓國大醬用鮮牛奶稀釋拌勻。

❸ 平底鍋燒熱油，放入蒜泥炒出香氣。

4 放入鮮蜆，倒入白酒，隨即蓋上鍋蓋煮至蜆殼打開。（挑走蜆殼沒有打開的死蜆。）

5 放入野菌拌炒一下。

6 倒入大醬、鮮牛奶和淡忌廉拌勻。

7 放入筆管麵與醬汁拌勻，灑點黑胡椒，因大醬有足夠鹹味，應先試味才小心追加鹽分，最後灑上番茜。

人蔘焦糖燉蛋
인삼크림브륄레

無人不愛的經典法式甜點 Crème brûlée， 特別是面層那焦香的脆糖衣，優雅地用小匙一敲，內藏黃澄澄的軟滑燉蛋，和脆皮糖衣形成極端的口感，令人回味無窮。

　　將韓國盛產的水蔘配搭經典法國甜點，水蔘的甘甜融和燉蛋的奶香，頓時幻化成一道養生甜點。

材料（2 人份）　　　　　　　　　　　　　　　　　⏱ 45 分鐘

- 水蔘 1-2 條 （視乎水蔘大小）
- 蛋黃 2 隻
- 淡忌廉 120 毫升
- 鮮牛奶 80 毫升
- 糖 20 克

做法

1 烤箱預熱攝氏 160 度，水蔘用刷小心刷去表面污泥後，切成約 5 毫米厚片。

2 蛋黃和糖輕輕拌勻。

3 鮮牛奶和淡忌廉注入小鍋中，放入水蔘片以小火煮至微微冒煙，關火讓水蔘浸泡 15 分鐘。

④ 隔走水蔘片後拌入蛋漿，水蔘片可保留作裝飾用。

⑤ 用篩網隔去蛋漿的雜質，再倒入陶瓷焗杯。

⑥ 取一大烤盤，放入陶瓷焗杯，烤盤注入熱水至焗杯的 ⅓ - ½ 高度。

⑦ 放入烤箱烤 25-30 分鐘，燉蛋表面凝固但輕力搖晃會微盪才算完成，室溫待涼後，放入冰箱下層冷凍最少 4 小時或以上。

⑧ 燉蛋均勻地灑上黃糖，用火槍燒成金黃脆皮焦糖糖衣，水蔘片也可以裹上黃糖，用火槍燒成焦糖蔘片作裝飾。

TIPS

使用火槍時要小心，不要一卜子開太大火，還要保持一定距離，避免黃糖過度燒焦，味道會變苦澀啊！

手工烤牛肉漢堡
불고기버거

隨著西方文化的衝擊，韓國料理不再局限於傳統韓食製作。韓式糅合西方的料理在韓國大行其道，很受年輕一輩歡迎。尤其是吐司、漢堡包這類西方速食，加入烤牛肉或泡菜等傳統韓食，帶來煥然一新的味覺享受。

材料（2 人份）　　　　　　　　　　　　　　　　　　⏱ 20 分鐘

· 漢堡麵包 2 份
· 烤牛肉 70 克（製作方法可參考 p.104）
· 泡菜 20 克
· 牛油生菜 適量

TIPS

- 當然可以用上白吐司做成三文治，又或是用冰箱剩餘的白米飯，製作成米漢堡。
- 亦可買來墨西哥薄餅，捲入烤牛肉變成墨西哥捲餅，變化多多。

做法

1 將漢堡包放入烤箱稍稍烘熱，取一平底鍋，燒熱油，放入烤牛肉以中火炒熟。

2 漢堡包先放上牛油生菜，再鋪上烤牛肉，最後放上少許泡菜，簡易快捷的輕食瞬間完成。

剩菜不浪費

洋蔥辣椒醋醬油漬
양파고추초간장절임

　　顏色青嫩翠綠，樣子肥而短小的**青陽辣椒**出產自位於韓國忠清南道的一個小郡，名為青陽郡（청양군）。因為空氣清新，土壤肥沃，水質清澈，有韓國第一清淨區的美譽，最適合培植辣椒和枸杞子。當地還會定期舉辦青陽辣椒枸杞節和青陽辣椒文化體驗，可見青陽辣椒在韓國的知名度很高。

　　韓籍奶奶經常會給我空郵韓國新鮮食材，滿滿的箱子裡必定會有定番的青陽辣椒。我把吃不完的辣椒，和料理剩下的洋蔥蒐集起來做成醋醬油漬，慳家煮婦就是這樣一點點煉成的。

　　這可以是一道前菜，也可作為一款沾醬。泡漬在醋醬油的生洋蔥，兩者味道互相融和，緩緩地增添一份酸甜味道。我家馬仔甚至喜愛煎一顆太陽蛋，加一匙醋醬油連洋蔥拌米飯吃。

　　我稱呼它為「萬能沾醬」，可以沾魚板串、韓式煎餅、烤魚，甚至港式火鍋也可以啊！若用來沾煎餃，添點芝麻油，風味頓時截然不同。

材料

- 青陽辣椒 3-4 隻
- 洋蔥 ½ 個
- 蒜瓣 2-3 顆
- 韓國豉油 90 毫升
- 飲用水 100 毫升
- 蘋果醋或白醋 30 毫升
- 糖 3½ 湯匙

做法

1 青陽辣椒、洋蔥切成小塊，蒜瓣切片。

2 將已切好的辣椒、洋蔥和蒜片放入已消毒的玻璃密實瓶。

3 豉油、醋、糖和飲用水倒入小鍋中，以小火煮至微滾及糖溶掉即可。

4 醋醬油倒入玻璃密實瓶，待涼後蓋好瓶蓋放到冰箱下層 3 天至味道融和。

TIPS

- 食用時緊記用清潔乾爽的小匙舀出所需分量。
- 青陽辣椒在尖沙咀金巴利街專售韓國食材的小店可以買到，亦可以用紅紅的指天椒代替，只是味道會大大……點風味啊！

烤紫菜 김자반

每次完成韓式紫菜飯卷後，往往會餘下兩三片紫菜，封存好放到冰箱雖然不佔地方，但往往忽略了它的存在。怎樣好好利用剩餘的食材？惟有多動腦筋，將紫菜撕碎放到煎鍋上烘香一下，放點調味便成了簡單的小吃，用來佐粥或加到飯糰同樣好吃。

材料

- 紫菜飯卷用紫菜 2 片
- 芝麻 ½ 茶匙
- 韓國芝麻油 ½ 湯匙
- 海鹽 ¼ 茶匙
- 糖 ½ 茶匙

TIPS

紫菜很容易烤焦的，炒紫菜時
記著要不斷翻炒啊！

做法

① 將紫菜手撕成小片。

② 鍋中倒入芝麻油燒熱。

③ 轉小火後放入紫菜片
炒至全沾上芝麻油。

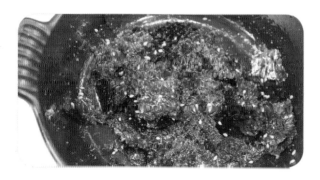

④ 灑上海鹽、糖和芝麻
拌勻，待涼後放入密
實盒中保存。

「來喝一杯吧！」
'같이 한잔 하자！'

　　韓國可算是「無酒不歡」的國家，聚餐時餐桌上總會放上一兩瓶，你給我倒酒，我也給你倒酒回敬一下。平常朋友間對話也離不開一句「來喝一杯吧」，意思等同我們經常説的「有空一同吃飯吧」，可見韓國人視喝酒如吃飯般重要。

　　來認識一下韓國最常見的酒類，下回到韓國旅遊，來喝一杯，為旅程添上一抹微醺。

燒酒 소주

韓國燒酒是以大米或其他穀類例如小麥、大麥為原材料，經發酵熟成後再蒸餾過濾所製成，酒精濃度為 19-20 度。下班後相約三五知己吃烤肉喝燒酒已經成為韓國人生活模式的一部分。每每到韓國餐館或是帳篷小吃攤，環顧左鄰右桌，不論男女，桌上總是置著一兩瓶翠綠玻璃瓶燒酒。在便利店放置燒酒的冰箱裡，亦陳列著不同品牌和容量的燒酒，有的還包裝成紙包飲品的模樣，價格親民得很，甚至比礦泉水還便宜。

濁酒（馬格利）막걸리

濁酒是韓國最長老級的酒類，以糯米、麥、水，加入酵母混合發酵而成，因為酒的顏色渾濁，所以被稱為「濁酒」。亦因農民在田園農耕時喝這款酒，又被稱為「農酒」。顏色像鮮牛奶一樣呈乳白色，酒精濃度只有 6-7 度，相對燒酒為低，喝起來味道甜甜的較為順口，酒味也不明顯，很受韓國女子喜愛，但不可小看它的後座力啊，喝多了還是會醉醺醺的。

韓國人喜愛在下雨天或納悶天氣時圍在一起吃蔥煎餅喝濁酒，據說這樣會讓心情愉快起來。（是嗎？）

啤酒 맥주

韓國人稱啤酒為「麥酒」，由小麥釀製而成，酒精濃度較低，只有 4-5 度。早前風魔全球的人氣韓劇《來自星星的你》，劇中女主角千頌依在下初雪時丟下這樣一句話：「下初雪了，怎能沒炸雞和啤酒呢！」掀起了全球炸雞啤酒風（치맥）。啤酒甘醇的麥香和豐厚的氣泡，正好平衡炸雞的油膩感。

果實酒 과실주

主要是以水果為原材料釀製的酒類，酒精濃度約 14 度，帶有淡淡的甜果香，入口柔順。韓國家庭大多會用新鮮水果釀製果實酒，其中以梅實酒最受歡迎。在每年 5-6 月梅實盛產的季節，韓國家庭便忙著釀泡梅實酒。尤其在炎炎夏日，加入冰塊和梳打水調成冰涼的梅酒氣泡水，享受微醺的悠閒時光。

還是老掉牙的一句話：酒能傷身，只宜淺嚐，緊記喝酒後切勿駕車！未成年的小朋友，待 19 歲才喝酒吧！*

*19 歲是韓國成年標準，比一般國家的成年標準要遲一年呢！

韓國醬料知多點

這裡跟大家介紹書中食譜所使用的常見韓國調味料。
各種調味料會因品牌和製作方法有別，風味有所不同啊！因此做料理時要不時試試味道，適量微調醬料的分量，才能做出適合自己和家人口味的滿意料理。

辣椒醬 고추장

火紅的辣椒醬是做韓國料理不可少的醬料。
由糖膠、麥芽粉、辣椒粉和天日鹽經長時間發酵而成，韓式辣炒料理大多以這辣椒醬作主要調味，辛辣且帶點微甜。

芝麻油 참기름

絕對是韓國料理的靈魂。有別於其他地方出產的芝麻油，味道較清爽，但香氣濃郁，用作涼拌或加入烘烤過的鹽和黑胡椒作烤肉沾醬最為合適。

韓國麵豉醬 쌈장

以辣椒醬、大豆、蒜泥和其他配料調製而成，又稱為「烤肉醬」。韓國人吃烤肉總愛沾上麵豉醬，以生菜片裹著吃。我倒喜愛把炒香的豬絞肉拌入這麵豉醬做成散發韓國風味的肉醬，用來拌飯、拌麵或是拌燙青菜也不錯啊！

黑豆醬 춘장

用黑豆製成的黑豆醬，味道鹹鹹香香的，主要用來製作韓式炸醬麵。

韓國豆醬 된장

以大豆煮熟發酵成一磚的醬糗子，再加入鹽水等待熟成，成為充滿濃郁豆香味的醬料。韓國人主要用來做大醬湯，在高湯加入一大匙豆醬，倒入蔬菜粒，快速煮成一鍋營養豐富的湯品。

蝦仁醬 새우젓

以小蝦仁加入鹽巴發酵而成的調味料，用於醃製泡菜時增添鹹鮮味，亦可於鍋物加入小量蝦仁醬，同樣能添上鮮味。

辣椒粉 고추가루

新鮮小紅椒經日曬風乾後研磨成粉末，是韓國料理不可缺少的調味料。尤其醃製泡菜時，用上大量辣椒粉，有殺菌的作用，更令爽脆的泡菜添上火紅艷麗的顏色。

魚露醬 멸치액젓 / 까나리액젓

韓國魚露醬大多使用鯷魚來提煉，主要用來醃漬泡菜，在涼拌菜式或鍋物中添一小匙，鮮味頓時提升不少。

糖稀 물엿 /
料理糖漿 요리당

由玉米或麥芽糖提煉出來的糖漿，除
增加甜味外，更能令料理有著光澤，
使食物賣相更吸引。

湯醬油국간장

較傳統的醬油淡味，在鍋物湯品中加
入小量湯醬油會令味道更豐富。小心
別加入多，除了使湯頭過鹹之外，醬
油會令湯頭顏色變深，看起來較渾濁。

昆布小魚乾高湯
다시마멸치육수

　　書中食譜不論鍋物或是小吃，經常使用到高湯，昆布小魚乾高湯是韓菜的基礎高湯，只需兩款主材料便能製成一鍋甘醇鮮甜的湯頭，相對熬煮雞高湯或牛高湯來得簡易方便。

材料

- 昆布 4-5 小塊 （約 4 X 4 厘米）
- 小魚乾 8 條
- 清水 500 毫升

做法

1 昆布不可用水清洗，只需用棉布輕輕拭擦，表面的白色
粉末是海水結晶，是湯頭甜味所在。

2 小魚乾要先去頭去內臟，湯頭才不會有苦澀味。

3 鍋中放入清水後加入小魚乾燉煮 10 分鐘。

4 之後加入昆布續煮 5 分鐘，關火焗 10 分鐘。

5 用篩網濾出清澄金黃的高湯，可以預先做好放到冰箱下層，2-3 天內用完為佳。

梅子汁 매실청

由青梅和糖經醃漬而產生出酸酸甜甜的汁液。

韓國料理中經常用梅子汁代替糖來使用,梅子汁的酵素可以令肉質鬆軟,增添天然果香。

如趕不及在青梅收成的季節釀製梅子汁的話,在香港專售韓國食材和調味品的小店亦可以購買現成的梅子汁,但自家釀製的會是純天然無添加,相對較健康。

材料

· 青梅

· 韓國黃糖

青梅和黃糖重量比例 1：1.2

做法

① 青梅在流動水下徹底
清洗一遍。

② 取一個大盆，注入清
水，放入 1 湯匙鹽，
把青梅浸泡 30 分鐘。

③ 再次清洗青梅。在青
梅底部墊上毛巾吸去
水氣，放在通風處確
保青梅表面的水分充
分風乾。

④ 風乾後的青梅用竹籤
去掉蒂部。

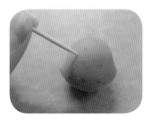

⑤ 在青梅表面刺上小孔，
以便釀製時汁液能跑
出來。

⑥ 玻璃瓶罐清洗消毒後
（確保無菌和乾爽），
先把一層黃糖鋪在瓶
罐底部，之後鋪上一
層青梅，再鋪上一層
黃糖，如此類推。最
後鋪上厚厚的黃糖覆
蓋青梅。

⑦ 於瓶罐口封上保鮮膜，
蓋好瓶罐後放在陰涼
地方 3 個月，即成。

189

一同來敗家吧！
首爾好物敗家情報

같이 쇼핑하자！
（一同來敗家吧！）

自從當上煮婦後，敗物目標莫名其妙地由衣履鞋襪手袋化妝品轉移到鍋子碗盤食器，每次逛街總是會跑到家品小店挖心頭好。正所謂敗家無分國界，旅遊時為自己的廚房小天地蒐集器皿雜貨，每次做料理都被心愛的鍋盤器具包圍，就是簡單的微幸福。

以下收錄每次回韓國（尤其是首爾）都會逛走一趟的敗物好地方，放慢腳步，細細挑選欣賞，希望你也和我一樣能在韓國享受「尋寶」的樂趣。

高速客運巴士站地下商街 Goto Mall

絕對是挖寶的好地方，不會因天氣轉變影響敗家心情，完全望不到盡頭的商街整齊歸類成兩部分，一頭是賣衣服鞋履，另一頭是賣廚具鍋子和家居佈置小物，目標明確，集中出擊挖心頭好。

各式各樣的衣服，由少女至成熟風格也有，逛到腿軟也逛不完呢！

192

煮婦最關切的廚具碗盤這裡款
式應有盡有,愛色彩繽紛的,或
是愛樸實簡約的,琳琅滿目,看
得人眼花撩亂。

最令我瘋狂的是逛專門售賣木製食器和竹製收納用具的小店,如果你跟我一樣喜愛樸素風格的木製食器和碗盤,不要手軟,盡情敗個夠吧!

前往方法 ▶▶

Metro 高速客運巴士站（고속터미널）8 號出口直走

JAJU

有韓國無印良品之稱，一共三層的家品店，售賣沉穩樸實風格的家庭小物。

這裡也有售賣木製食器。

碗盤以簡單樸實風格為主，若喜愛日系風格食器，一定要到這裡逛個痛快啊！

各式派對用品也有售賣，不妨在韓國來一場派對吧！

前往方法 ▶▶

Metro 3 號線新沙站（신사역）3 號出口 /
Metro 2 號線三星站（삼성역）COEX MALL

Modern House 家品店

這是一家連鎖式的家品店，在韓國總共有十數家分店，喜愛把廚房和餐桌佈置成粉色系少女風或走可愛路線的煮婦，這裡絕對可以滿足你們。

粉紅粉綠色系的碗碟，是否你的心頭好？

喜愛浪漫的全粉紅還是花俏的碎花碗盤？

保溫水壺和便當盒，還貼心的配上便當袋，方便攜帶。

還是沉實帶點可愛的水玉風食器？

大理石湯鍋，有著不同顏色，必定能配襯家中廚房的色系。

不鏽鋼篩網，全是用上韓國優質的不鏽鋼物料製作。

不同大小的石煎鍋，煎烤時不會沾鍋。

前往方法 ▶▶

高速客運巴士站地下商街 Goto Mall 14 號出口，New Corc Outlet 4 樓

其他分店地址請參考網址：www.modernhouse.co.kr

Butter

位於弘大商圈的 Butter 家品店，與 Modern House 屬同一集團，但售賣的不只是廚具，還有文具精品，以及大量佈置家居的小物，小心荷包失守啊。

喜愛黑白型格小物的不要錯過。

色彩繽紛和柔和色系的碗盤任君選擇。

還有特別風格的家品和食器，必有一款合心意。

前往方法 ▶▶

Metro 2 號線弘大站（홍대역）1 號出口

南大門市場 남대문시장

位於地鐵會賢站出口的南大門市場，亦是港、日、台遊客的熱門觀光點，售賣的是傳統韓國料理用的碗盤和醬料。

煮拉麵的小鍋、不鏽鋼便當盒、鐵板煎鍋，滿滿的傳統韓國風格。

鍋物和石鍋飯的專用石鍋，傳熱快，保溫能力高。寒冷天氣時用上這石鍋做鍋物可以保持湯的溫度，最適合一家人圍著石鍋邊吃邊聊天。

烤肉專用的烤爐和烤鍋這裡一應俱全，用上韓國傳統烤爐做烤肉，味道更地道吧！

韓國人沐浴時用來去掉死皮的沐浴棉，老實說，初時用來擦身蠻刺痛的，得要輕力細擦，但不得不承認用完後皮膚即時變得柔滑，有興趣的話不妨買來試試。

手工辣椒醬、豆醬和各種醃漬小菜。

前往方法 ▶▶

Metro 4 號線會賢站（회현역）5 號出口

傳統市場

要認識當地人民生活，非得要逛逛他們的傳統市場。有在地的新鮮食材、當季的蔬果和地道的小吃，能充分感受在地人的文化特色風情。

通仁市場 통인시장

據說通仁市場是 1941 年日治時期日本人公營的市場，經活化後成為首爾現存的傳統市場之一。市場面積不算大，但各式各樣的糧油雜貨，不同款式的手工泡菜、水果和肉類都一應俱全。

明太魚乾、昆布等韓菜經常用到的食材都可以找到，適合用來做前菜和鍋物。

來到通仁市場，除了走走逛逛，還要一試很受當地人和觀光客歡迎的便當 café，兌換通仁市錢，用錢幣在市場買喜愛的小吃填滿使當盒，相當有趣！

為了省時方便，大多數韓國人選擇到大型超市買來現成即成泡菜，但當中也有很多家庭喜愛在家醃製專屬味道的泡菜。通仁市場有售賣各式韓式調味料，以及製作泡菜用的食材。

韓國本地種植的當季水果，很新鮮啊！

這裡也有小店售賣中藥材，整齊陳列，一目了然。

前往方法 ▶▶

Metro 3 號線景福宮站（경복궁역）2 號出口直走

廣藏市場 광장시장

已有百年歷史的廣藏市場，是韓國最具代表性的傳統市場之一，店鋪達5000間以上，食材、雜貨、韓服、手工藝品、布料、小食……包羅萬有，但要留意市場會在週日休市，不過美食街則全年無休，更會營業至晚上11時，大家可以把握時間盡情買、盡情吃啊！

韓國和濟州水域捕獲的各種魚鮮。

看到各種新鮮蔬菜，心癢癢的暗地裡想著下回到韓國租一間有廚房的公寓，買來在地食材，好好做一頓韓菜。

大大顆的草莓和清甜的金瓜，帶回酒店作飯後水果切盤也不錯！

來到傳統市場，除了買食材外，還有很多好吃的小攤，千萬不
要錯過啊！廣藏市場最為著名的小吃有麻藥紫菜飯卷和以現磨
綠豆製成的綠豆餅，煎烤得香脆可口，外脆內軟。

很多遊客會到廣藏市場買醃漬物做伴手禮，種類繁
多，有醃漬八爪魚、魷魚及各類前菜，還有香港人
非常喜愛的醬油蟹和辣醬蟹。

前往方法 ▶▶

Metro 1 號線鐘路 5 街站（종로 5 가역）7 號 / 8 號出口

首爾藥令市場 약령시장

看名字便知這傳統市場是專門售賣中藥材，在地鐵閘口還未爬上地面就已經傳來陣陣的中藥氣味。我對中藥不熟悉，所以只建議大家走走看看拍個照，畢竟每人體質不同，還是先諮詢中醫師，不要胡亂服藥啊！

道路兩旁全是售賣各種中藥的小店，有我們熟悉的枸杞子、黃芪、當歸等等。

還有小店售賣用來浸泡藥材酒和人蔘酒的巨型玻璃瓶。

前往方法 ▶▶

Metro 1 號線祭基洞站（제기동역）2 號出口直走

京東市場 경동시장

經過藥令市場，走過十字路口便是京東市場。和其他傳統市場一樣售賣各類乾貨食材、魚類蔬菜，但亦有很多小攤售賣人蔘。韓國人蔘雞用的是直接從土地裡挖掘出來，未經日光照曬和風乾的水蔘，韓國超市也有售賣水蔘，但在京東市場的水蔘價格相對比較便宜。

放滿一地的水蔘，牌子上清楚註明年份和原產地，其中以錦山（금산）出產的最好。重量方面，和香港 1 斤等於 605 克不同，韓國人蔘是以 1 斤等於 300 克來計算。

售賣雞隻的小店，韓國人做人蔘雞堅持用上嫩雞，熬煮後雞肉也不會過老，仍保持軟滑富肉汁的口感。

前往方法

Metro 1 號線祭基洞站 2 號出口，經過首爾藥令市場直走

比人頭還要大的巨型南瓜，2 個人也未必搬得動啊。

隨著居港韓國人愈來愈多，韓國食材醬料亦較容易在香港購買得到。大型超市也會定期舉行韓國食品節，集中售賣由韓國直送的食材，而且價錢和韓國超市不會相差太遠。我個人的小小建議：辣椒醬、豆醬這類醬料佔空間重量的還是在香港購買好了，畢竟行李空間很寶貴，當然要留給辛苦挖來的心頭好。

TIPS

- 傳統市場只收現金，記得帶備充裕金錢，以免一不小心下手太重敗太多沒錢付啊！

- 最好請老公、男朋友或壯男做御用挑夫，可以幫忙抬碗盤這類蠻重的敗物。

- 到市場買乾貨食材大多只是放進普通的黑色「背心」膠袋，最好出發前預先準備一些密實袋（當然也可在當地購買），回港前將食材好好分裝包妥，避免食材在行李運送過程中受到破壞。

K-FOOD
傳統與 Fusion 的 62 道韓式料理

作者 / Mrs. Horse
總編輯 / 葉海旋
編輯 / 李小媚
攝影 / egg
書籍設計 / 三原色創作室
出版 / 花千樹出版有限公司
      地址：九龍深水埗元州街 290-296 號 1104 室
      電郵：info@arcadiapress.com.hk
      網址：www.arcadiapress.com.hk
台灣發行 / 遠景出版事業有限公司
      電話：（886）2-22545560
印刷 / 美雅印刷製本有限公司
初版 / 2015 年 7 月
第二版 / 2015 年 8 月
ISBN/ 978-988-8265-41-1